制度与网络：

区域大气污染治理的府际协作研究

温雪梅 ／ 著

四川大学出版社
SICHUAN UNIVERSITY PRESS

图书在版编目（CIP）数据

制度与网络：区域大气污染治理的府际协作研究 /
温雪梅著. — 成都：四川大学出版社，2023.9
　（博士文库）
　ISBN 978-7-5690-6339-4

　Ⅰ. ①制… Ⅱ. ①温… Ⅲ. ①空气污染－污染防治－
研究－中国 Ⅳ. ① X51

　中国国家版本馆 CIP 数据核字（2023）第 173521 号

书　　　名：制度与网络：区域大气污染治理的府际协作研究
　　　　　　Zhidu yu Wangluo: Quyu Daqi Wuran Zhili de Fuji Xiezuo Yanjiu
著　　　者：温雪梅
丛 书 名：博士文库

丛书策划：张宏辉　欧风偓
选题策划：曾　鑫
责任编辑：曾　鑫
责任校对：蒋姗姗
装帧设计：墨创文化
责任印制：王　炜

出版发行：四川大学出版社有限责任公司
　　　　　地址：成都市一环路南一段 24 号（610065）
　　　　　电话：（028）85408311（发行部）、85400276（总编室）
　　　　　电子邮箱：scupress@vip.163.com
　　　　　网址：https://press.scu.edu.cn
印前制作：成都完美科技有限责任公司
印刷装订：成都市新都华兴印务有限公司

成品尺寸：170 mm×240 mm
印　　张：13
字　　数：257 千字

版　　次：2023 年 12 月　第 1 版
印　　次：2023 年 12 月　第 1 次印刷
定　　价：59.00 元

扫码获取数字资源

四川大学出版社
微信公众号

序　言

工业革命以来，化石燃料的大规模使用推动了全球经济的高涨，工厂烟囱冒出来的滚滚浓烟，在过去的一段时间成为经济繁荣的标志，而碳排放与经济增长，共同见证了人类社会的繁荣与昌盛。

国家的崛起和兴衰往往与化石燃料的获取和使用息息相关，随之而来的大气污染问题，亦成为共同关注的焦点。大气污染是一个跨区域、跨领域的复杂问题。现有研究基于理性经济人、制度等视角对跨界环境治理中的协作困境及影响进行了广泛研究，但多限于解释地方政府间"为何不协作"，而非"协作"本身。温雪梅博士在其博士论文基础上修改而成本书，她以敏锐的学术嗅觉和扎实的理论基础，将制度的宏观层次、网络的中观层次、行为的微观层次相结合，构建起了理解区域地方政府间协作的立体分析框架，有助于增进中国地方政府运行逻辑的理论知识。

在社会科学研究中，大致可将变量分为个体的、结构性的和制度性的三类。受经济学学科的影响，国内已有研究主要基于理性经济人假设，然而从个体行动推演到集体行动的逻辑缺乏说服力，难以作为分析政府主体行为的普遍理论依据；并且，如书中所言，对地方政府个体行为的分析是一种"原子式的个体视角"，但地方政府的个体行为又是镶嵌在其复杂关系之中，"关系"的视角，或者说对地方政府间关系丰富性认识，是该领域研究推进的重要前提。基于理性经济人假设的相关研究无疑拓展了我们对地方政府行为的理解，而在社会科学中另一类竞争性分析方法——制度分析法，同样提供了有力的解释。这二者共同构建了国内学者熟悉的分析框架。然而，从宏观制度到微观行为与动机，或者行为如何演化或助推制度的形成，需要跨越繁杂的逻辑链条，仅靠制度理论与交易成本理论对其进行解释显然是不充分的。社会学中关于关系结构的研究提供了很好的思路，其主张尽可能还原社会的复杂性，将行动者纳入"实时的社会情景"之中，而非像大多数经济学家那样的简化论观点。因此，在府际关系领域引入关系结构的分析视角对于已有研究具有重要拓展作用。

创新是学术研究的应有之义，对于青年学者来说尤为重要。从独到的问题意识到有增益的学术观点，从精巧的研究设计到更为切合的研究方法，无不对青年学者提出了更高的要求。在该书中，我们高兴地看到时下青年学者对学术研究的热情、对真问题的求索，更为重要的是对创新的不断追求。在研究方法上，温雪梅博士引入了社会网络分析法来对中国区域大气污染治理中的府际关系进行细致解剖，通过精巧的研究设计很好地实现了研究任务，并有所贡献，这在当下之学界，更加显得难能可贵。

　　尽管还存在一些细节上的不足及可进一步推进之处，但瑕不掩瑜，相信阅读温雪梅博士的《制度与网络：区域大气污染治理的府际协作研究》一书，相关领域的研究者和学生都将有很大收获。以上就是我阅读了温雪梅博士的著作之后，结合自己研究的体会，提出的一些思考。我十分期待着本书的出版。

雷叙川

2023 年 12 月 29 日

目　录

第一章 导论

第一节 问题提出和研究价值

一、问题提出

良好生态环境是最公平的公共产品，是最普惠的民生福祉[1]。解决环境问题，实现可持续性发展是满足人民对美好生活向往的题中之义，是国家治理体系和治理能力现代化进程中不可或缺的一环。改革开放后数十年经济的高速发展带来了社会物质财富的极大丰富，但同时也带来了严重的环境污染问题。

早在 2008 年，中央环保部联合发展改革委等部门印发了《淮河、海河、辽河、巢湖、滇池、黄河中上游等重点流域水污染防治规划（2006—2010 年）》（以下简称《重点流域规划》），要求各流域相关省市政府确保水污染减排任务按期完成。例如 2005 年淮河流域总体处于中度污染状态，池河、惠济河等污染严重河段水质均劣于 V 类，有 12 个地表水集中式饮用水水源地出现不同程度的水质问题，严重威胁到饮用水安全[2]。除此之外，近年来区域性大气污染严重，成为国家和社会亟需解决的重要问题。2012 年 9 月，国务院正式批复《重点区域大气污染防治"十二五"规划》（以下简称《规划》），规划范围为京津冀、长三角、珠三角等 13 个重点区域。《规划》指出"当前我国大气环境形势十分严峻，在传统烟煤型污染尚未得到控制的情况下，以臭氧、细颗粒物（PM$_{2.5}$）和酸雨为特征的区域性复合型大气污染日益突出，区域内空气重污染现象大范围同时出现的频次日益增多"[3]。根据 2010 年国家环境质量监测数据，我国二氧化硫、氮氧化物排放总量分别为 2267.9 万吨、2273.6 万吨，位居世界第一；重点区域单位面积污染物排放强度是全国平均水平的 2.9 至 3.6 倍，重点区域城市二氧化硫、可吸入颗粒物年均浓度为欧美发达国家的 2 至 4 倍，严重威胁着居民身体健

---

[1] 习近平：论坚持人与自然和谐共生，中央文献出版社，2022，第 59 页。

[2] 环境保护部、发展改革委：《淮河、海河、辽河、巢湖、滇池、黄河中上游等重点流域水污染防治规划（2006—2010）》，中国政府网，https://www.gov.cn/gzdt/2008-04/23/content_952288.htm，访问日期：2023 年 7 月。

[3] 环境保护部、国家发展和改革委员会、财政部：《重点区域大气污染防治"十二五"规划》，中国政府网，https://www.gov.cn/zwgk/2011-12/20/content_2024895.htm，访问日期：2023 年 7 月。

康，破坏生态环境，造成巨大的经济损失。

诸如大气污染、跨界流域污染等环境问题具有跨地理界限、跨行政区界限的特性①，存在较强的空间溢出效应②③④，出现跨行政区转移⑤和从行政区域内向行政区划边界转移⑥的现象，这使得地方政府在环境治理时需要改变行政区行政模式，转向区域协作的治理模式。尽管经济学研究表明，环境治理的地方政府间协作能产生联合收益，但这并不足以刺激地方政府间协作行为的产生。

党的十八大以来，党和政府坚持"绿水青山就是金山银山"的生态环境保护理念，持续推进生态文明制度体系的建设。一方面，中央对地方官员政绩考核指标的多元化转向⑦、环境督察制度、区域间生态利益补偿机制等，促使各地方政府发展理念和发展方式的转变，环境污染状况得到明显改善。另一方面，行政性分权和分税制改革基本上奠定了地方政府间的竞争格局，经济利益和政治晋升激励地方政府作为独立的利益主体参与区域竞争⑧⑨，导致环境执法"竞次"行为的出现。属地式行政管理体制难以在短时间内破除，成为长期掣肘地方政府间深度协调的制度壁垒。⑩ 从中国实践来看，地方政府间协作往往依赖于中央权威的纵向介入机制，或者由经济利益捆绑和势能差驱动。换句话说，压力型体制⑪下的地方政府多重目标之间存在着内在张力，导致区域环境治理中各地方政府环境行为存在复杂性和策略性，并进一步表现为各地方政府协作行为的复杂性，以及

① Bodin Örjan, "Collaborative environmental governance: achieving collective action in social-ecological systems," *Science* 357，6352 (2017)：eaan1114.

② 沈坤荣、金刚、方娴：《环境规制引起了污染就近转移吗?》，《经济研究》2017 年第 5 期。

③ 陆铭、冯皓：《集聚与减排：城市规模差距影响工业污染强度的经验研究》，《世界经济》2014 年第 7 期。

④ Maddison，D. "Modelling Sulphur Emissions in Europe：A Spatial Econometric Approach," *Oxford economic papers* no. 4 (2007)：726－743.

⑤ Wu H，Guo H，Zhang B，et al. "Westward movement of new polluting firms in China：Pollution reduction mandates and location choice," *Journal of Comparative Economics* no. 45 (2017)：119－138.

⑥ Cai H，Chen Y，Gong Q. "Polluting thy neighbor：Unintended consequences of China's pollution reduction mandates," *Journal of Environmental Economics & Management* no. 76 (2016)：86－104.

⑦ 2011 年，国务院印发的《国家环境保护"十二五"规划》明确提出"制定生态文明建设指标体系，纳入地方各级人民政府政绩考核。实行环境保护一票否决制。"

⑧ 沈立人、戴园晨：《我国"诸侯经济"的形成及其弊端和根源》，《经济研究》1990 年第 3 期。

⑨ 周黎安：《晋升博弈中政府官员的激励与合作——兼论我国地方保护主义和重复建设问题长期存在的原因》，《经济研究》2004 年第 6 期。

⑩ 环境问题的公共性和外部性决定了其作为地方政府职责的重要内容之一，更是挑战着"以邻为壑"的传统属地式行政管理体制。市场主体的逐利性使其在公共产品的提供上难以自我约束，进而无法实现社会公共利益的最大化，加之中国社会组织发育不充分，因此作为公共部门的政府机构理应作为环境污染治理责任的主要承担者。但是，政府绩效考核多重目标的冲突，尤其是经济发展的冲动，在属地制管理模式下更难以形成地方政府间的协同合力。

⑪ "压力型体制"概念首次出现于中央编译局荣敬本教授领导的课题组在《经济社会体制比较》1997 年第 4 期上发表的报告《县乡两级的政治体制改革：如何建立民主的合作新体制》中。

不同区域协作模式的差异性。因此，研究地方政府之间的协作行为是理解当前环境治理困境及其成因的关键所在。

学者们围绕地方政府协作进行了大量深入研究，取得了丰硕成果。纵观这些研究，多是基于理性经济人假设，或是从制度视角解释其行为逻辑，或是将微观的行动者利益最大化动机与宏观制度环境结合起来理解造成协作困境的原因。总的来说，已有研究为我们进一步认识区域府际协作治理积累了丰富知识，但也有进一步探讨的空间。另外，以往研究多隐含着方法论个体主义的倾向，忽视了地方政府嵌入的关系网络对其协作行为、协作关系的塑造作用，以及关系网络在协作行为与制度环境之间所起的中介作用，难以建立起对地方政府协作行为、关系网络与制度环境三者间的立体认识。为此，本书拟提出以下两个主要研究问题：

（1）制度环境如何作用于地方政府环境协作行为及协作模式？大多数研究将地方政府间关系划分为竞争与合作，或协作与不协作的二元关系，并讨论制度环境对地方政府行为的影响。但地方政府间关系不是非此即彼的简单对立关系，而是具有相当的复杂特征。特别是，当前我国区域性环境协作治理的任务主要由中央政府发起在中央集权体制下，地方政府必须参与到区域环境协作治理中，地方政府间更多的是协作的被动与主动之分、参与程度差异、协作对象不同，呈现为复杂的协作模式及内部结构，而非二分结构。因此，本书在划分大气污染治理的地方政府间协作机制类型的基础上，考察国家制度、上级权威的介入程度等对区域政府间协作行为与协作模式的影响，探讨制度环境的作用。

（2）地方政府间关系结构如何影响地方政府的环境协作行为和协作关系网络？如前所述，新古典经济学的不足之处是忽略了个体在做任何决定时都有处于一定的社会结构中，其所在的社会结构位置会影响到资源、信息的获取，进而影响其社会行动。个体互动行为不止于理性的博弈，而更受到社会结构的影响。[1]可以说，社会网络在区域地方政府协作中扮演着重要角色[2]。在基于正式权力分配抑或非正式互动而建立的府际关系网络中，各政府单元有其相对稳定的结构位置，决定了其拥有以及可汲取的各类要素资源，进而影响到它们在参与区域环境协作治理中的行为表现，并塑造协作关系网络。因此，本书的第二个问题就是分析在制度环境及其他因素影响下形成的府际关系网络对地方政府参与区域环境治理协作行为和关系网络的作用。

---

① 罗家德：《社会网分析讲义》，社会科学文献出版社，2009，第7页。

② Leroux K, Brandenburger P W, Pandey S K. "Interlocal Service Cooperation in U. S. Cities: A Social Network Explanation," *Public Administration Review no.* 70（2010）：268—278.

二、选题价值

（一）选题的理论价值

1. 增进对区域府际关系丰富性的理解

经过政治学、行政学等学科研究者们几十年的努力，我们对于境内外府际关系有了相对成熟的认识和理解，包括其内涵、外延、重要议题等。而全球化、市场化浪潮驱动下大都市地区、城市群等区域的跨界性公共事务不断增多，迫切要求采取与之相对应的治理模式，这使得区域府际关系在传统"竞争""合作"的简单竞合关系基础上演化出更为新颖、复杂的形式和特点。但已有研究对此关注不够，影响了学界对区域府际关系认识的推进。本书从正式与否、上级权威嵌入程度两个维度，以及组织和政策两个层面，对地方政府间协作关系进行了类型划分，并利用实证方法剖析其关系的内部结构和形成逻辑，有助于从学理上对区域府际关系实然状态展开更为细致的研究。

2. 探索制度分析与网络分析的结合运用

早在 1944 年，卡尔·波兰尼提出"嵌入性"概念时指出，19 世纪之前人类的经济行为作为制度过程嵌入社会关系之中，并由社会关系、经济制度和非经济制度共同作用。虽然其有关 19 世纪后的"非嵌入论"观点失之偏颇，我们仍可以从其"嵌入论"中窥见将制度和关系网络共同运用于分析社会行动的身影。马克·格兰诺维特在发展"嵌入性"概念时，主要强调微观行为者对关系的依赖和适应。随着研究的深入，才提出要把网络分析与制度分析结合起来，使人们对经济行动的理解走向更为综合的状态[1]。将制度分析与网络分析结合起来分析个体行动的已有研究并不多见，现在研究一般是单独使用两种方法之一，或是将社会网络等同于制度和规范[2]，且多集中在经济社会学领域。另外，政治学或公共管理学领域对于政府行为与关系的研究亦更多讨论制度对行为的影响，或借鉴行为主义的研究范式分析政府人员的微观动机如何作用于协作行为。因此，本书试图在公共管理学科领域中，构建起理解区域政府协作行为、协作关系的一个"行为—网络—制度"嵌套的理论框架，以期增进解释政府运行逻辑的理论知识。

（二）选题的现实意义

随着我国近年区域集群的发展，跨域性公共事务问题越来越凸显，地方政府间协作治理进入一个蓬勃发展的时期。2013 年党的十八届三中全会提出要"建立和完善跨区域城市发展协调机制"；2014 年出台的《国家新型城镇化规划

---

① Granovetter Mark，"A Theoretical Agenda for Economic Sociology," in *Economic Sociology at the Millenium*，eds. Mauro F. Guillen, Randall Collins, Paula England, and Marshall Meyer. New York：*Russell Sage Foundation*，2001.

② 詹姆斯·科尔曼：《社会理论的基础》，邓方译，社会科学文献出版社，1992，第 63 页。

（2014—2020 年）》指出，"以城市群为主要平台，推动跨区域城市间产业分工、基础设施、环境治理等协调联动"；2018 年中共中央、国务院《关于建立更加有效的区域协调发展新机制的意见》进一步指出，"坚决破除地区之间利益藩篱和政策壁垒，加快形成统筹有力、竞争有序、绿色协调、共享共赢的区域协调发展新机制，促进区域协调发展"。可以看到，从经济合作到绿色发展，地方政府间协作已经成为我国推动区域发展与治理的重要制度安排，尤其是在区域环境治理领域展开的联防联控、流域共治等协作模式发展迅速。尽管实践界和学界基本认同将府际协作治理视作解决跨域环境问题的有效路径，但对于政府间协作治理的多样性及其背后行为逻辑缺乏系统性把握和深入认识，包括对实践中的协作类型、各地方政府协作参与程度如何、哪些因素塑造了地方政府协作行为，以及协作模式如何演化等问题还亟待讨论。本书的立意基础就是要探寻环境治理过程中影响地方政府协作行为及模式的关键变量及演化逻辑，为激励和约束地方政府协作行为、协作模式的政策安排设置等提供参考。

第二节　研究内容与方法

一、重要概念界定

正如 Imperial 所言："对学术概念的宽泛使用是理论建构的障碍。"[1] 因此，有必要对核心概念进行严格界定。

（一）区域府际协作治理

1. 治理

治理（governance）长期与统治（government）混用，均指涉与国家公共事务相关的管理活动和政治活动。但自 20 世纪 90 年代以来，西方学界赋予 Governance 以新的内涵，与 Government 在涵义上有了很大的差别。1995 年，全球治理委员会在研究报告《我们的全球伙伴关系》中，对治理（governance）做了较具代表性和权威性的定义：治理是各种公共的或私人的个体和机构管理其共同事务的诸多方式的总和。它是使相互冲突的或不同的利益得以调和并且采取联合行动的持续的过程。它既包括有权迫使人们服从的正式制度和规则，也包括各种人们同意或认为符合其利益的非正式的制度安排。[2]

许多研究致力于建立一个可行的治理定义，这样的定义应当是限定的、可证伪的、全面的。比如，林恩等将治理解释为"法律制度，规则，司法决定，限

---

① 　Imperial Mark，"Using Collaboration as a Governance Strategy，"*Administration & Society*，37（2005）：281—320.

② 　全球治理委员会：《我们的全球伙伴关系》，纽约：牛津大学出版社，1995. 第 2—3 页。

制、规定和允许提供公开的支持性商品和服务的行政实践"①。这种定义为传统的政府结构与新出现的公/私决策机构进入治理研究范畴提供了空间。而 Stoker 则认为治理作为一个基础定义，指的是指导集体决策的原则和形式。其关注的重点在于集体决策，意即不是一个人做决定，而是一群个体或组织系统的决策。他还指出，治理众多概念中有一个基础性共识，即治理指涉管理方式的发展——公私部门之间及其内部界限已经变得越来越模糊②。作为通用术语，治理（governance）指涉公共部门和/或私人部门中的管理行为。在集体行动情境中，奥斯特罗姆将治理视为旨在规范个人和群体行为的，共同确定的规范和规则维度③。奥利里等人将治理定义为"在私人的、公共的和公民领域内，影响决策和行动过程的引导手段"④。具体来说，治理是"一套能使协作伙伴关系或制度得以为持续的协调和监管活动"⑤。

　　上述对治理概念的多重解释，既有过程论，也有结果论，还有工具论，表明了其在学术研究上的争议性和生命力。正如包国宪等所言，"治理"一词如同"发展"一样，运用范围很广，但却很难给出一个确切的含义来对其加以解读，其本身就是"一套十分复杂且充满争议的思想体系"⑥。治理理论研究领域的代表人物罗兹提出了治理的七种定义，包括公司治理、新公共管理、善治、国家间的相互依赖、社会控制论的治理、作为新政治经济学的治理和网络治理⑦。从治理理论提出至今，学界没有就治理的定义达成共识，但这些精彩且激烈的讨论解释了各类治理所具有的共性。本书认同斯托克的观点——他认为治理的价值在于它有能力提供一种有组织的分析框架，由此可以理解统治的变化过程。其提出的有组织的分析框架可从以下五个方面加以理解⑧。

　　第一，治理是指一套出自政府但又不囿于政府的社会机构和行动者。首先是

　　① Lynn, Lawrence E., Carolyn J. Heinrich, and Carolyn J. Hill. *Improving governance*：*A new logic for empirical research* (Washington, DC：Georgetown Univ. Press, 2001), p. 7.

　　② Stoker G, "Governance as theory：five propositions", *International Social Science Journal* 155，*no*. 50（1998）：17—28.

　　③ Ostrom, Elinor. *Governing the commons*：*The evolution of institutions for collective action* (Cambridge：Cambridge Univ. Press, 1990)

　　④ O'Leary, Rosemary, eds. *Special issue on collaborative public management*.（American Society for Public Administration，2006). pp：1—170.

　　⑤ Bryson J M, Crosby B C, Stone M M, "The design and implementation of Cross-Sector collaborations：Propositions from the literature," *Public administration review no*. 66（2006）：44—55.

　　⑥ 包国宪、郎玫：《治理、政府治理概念的演变与发展》，《兰州大学学报（社会科学版）》2009 年第 37 期。

　　⑦ Rhodes R, "Governance and public administration," Iin *Debating governance*：*Authority, steering and democracy*，ed. Pierre J（New York：Oxford University Press, 2000）, pp. 54—90.

　　⑧ Stoker G, "Governance as theory：five propositions," *International Social Science Journal*，155，no. 50（1998）：17—28.

由于政府体制内部的复杂性，如政府机构设置的弹性化，使得政府机构超出传统的由宪法和正式规范所限定的理解范畴；其次，国家权力中心的多元化，且从高到低各层级上地方政府机构之间存在多样化的联系；再次，除了政府组织外，越来越多的私人机构和第三部门组织参与到公共事务的决策、公共服务和商品的生产和提供中来。

第二，治理责任公私界限的模糊化。治理理论是对社会转型造成的各种不可治理性的回应。大量经济社会问题并非仅靠政府力量就能解决，其治理责任也从以政府为责任主体转变为公私机构共同承担。

第三，涉及集体行动的各行动者之间存在权力依赖关系。组织往往由于资源的稀缺性和成本问题，寻求与其他组织共同行动以实现组织目的。一方面，参与集体行动的各方必须交换资源；另一方面，各方也就共同目标、成本分担和利益共享等问题进行谈判和协商。

第四，治理中行动者形成自治、自主的网络。在治理的集体行动环境中，行动者之间反复的互动行为及关系最终将形成彼此连接的自治网络。行动者和机构获得了将它们的资源、技能和目标糅合在一起的能力，形成一个长时期的联盟，即一个"体制"。

第五，治理理论认识到办事的能力不在于政府下命令的权力或者政府权威的使用，政府可以使用新工具和技术来掌舵和指导，以增强自己的能力。这些能力可能体现为建构和消解联盟的能力、协调能力、合作和把握方向的能力、整合和管制的能力。

2. 协作治理

中文文献中的"协作治理"对应英文文献中的"collaborative governance"。但在中文中，协作治理、协同治理、合作治理是一组外形相似、词义相近的概念。尽管有学者对协作治理、协同治理、合作治理等词义相近的概念进行区分，但是不少研究者在使用过程中常常交叉使用。作者比较赞同姜士伟[1]的分析，采用"协作治理"的译法，且结合本书研究主题，使用"协作治理"更为贴切。另外，如前所述，由于研究者在研究过程中对译名混用，但其研究对象基本一致，因此作者在后续写作过程中默认合作治理、协同治理和协作治理三者具有相同的内涵和外延。

不少国内外学者对协作治理的概念进行了界定。安塞尔和盖什将协作治理界定为：为了制定、执行公共政策，或管理公共项目、资产，一个或多个公共机构直接与非国家的利益相关者一起在正式的、共识导向的和协商性集体决策制定过程中的管理制度。该概念强调了 6 个标准：1）讨论是由公共机构发起的；2）讨

---

① 姜士伟：《"协作治理"的三维辨析：名、因、义》，《广东行政学院学报》，2013 年第 6 期。

论参与者包括非国家主体；3）参与者直接致力于决策制定，而不仅仅是起咨询作用；4）谈论是被正式组织的，并且是集体性会议；5）目的在于制定基于共识的决策（即使共识在实际中没有实现）；6）协作的关注点是公共政策或公共管理①。

艾默生等将协作治理定义为：公共政策决策和管理的过程和结构，这些过程和结构使人们积极地跨越公共机构，政府层级和公共、私人、公民领域的边界，以达到其他方式无法实现的公共目标②。相比较于安塞尔和盖什将协作治理限定在正式的、政府发起的制度安排以及公私合作之间，艾默生等人的界定范畴相对更宽泛一些。

还有学者从战略角度对协作治理的概念进行了界定。公共管理领域相关文献将协作治理视为建立、指导、促进、运行和监督组织制度的过程③。比如，一些学者认为协作治理表示一组通过提供塑造独立组织间集体行动的结构和过程网络管理工具④⑤。公共政策文献同样讨论了协作治理对个人和组织的战略性用途。奥斯特罗姆关于公共池塘资源治理的经典研究强调行动者如何衡量协作的交易成本（比如寻找伙伴、监督和执行协定）与感知的集体行动收益的问题⑥。还有研究通过开发集体行动环境下的决策行为模型来探索个人和组织在协作治理中的战略角色。政策文献还强调了政策企业家和领导者在发起和指导合作努力中的战略作用⑦。此外，协作治理可以通过在公共决策中给予所有相关的和重要的利益来

---

① Ansell Chris，Alison Gash，"Collaborative governance in theory and practice"，*Journal of public administration research and theory* 18，no. 4（2008）：543—571.

② Emerson K，Nabatchi T，Balogh S，"An Integrative Framework for Collaborative Governance" *Journal of Public Administration Research & Theory* 1，no. 22（2011）：1.

③ Tang S Y，Mazmanian D A，"Understanding Collaborative Governance from the Structural Choice-Politics，IAD，and Transaction Cost Perspectives"，*Ssrn Electronic Journal*，（2009）：2.

④ Provan K G，Kenis P，"Modes of Network Governance：Structure，Management，and Effectiveness，"．*Journal of Public Administration Research & Theory* 18，no. 2（2008）：229—252（24）.

⑤ Rethemeyer R K，Hatmaker D M，"Network Management Reconsidered：An Inquiry into Management of Network Structures in Public Sector Service Provision"，*Social Science Electronic Publishing*，4，no. 18（2008）：617—646.

⑥ 埃莉诺·奥斯特罗姆：《公共事物的治理之道：集体行动制度的演进》，余逊达等译，上海三联书店，2000.

⑦ Mark Lubell，Mark Schneider，John Scholz，and Mihriye Mete，"Watershed partnerships and the emergence of collective action institutions"．*American Journal of Political Science*，46，no. 1（2002）：148—163.

增加合法性[1][2]。斯科特和托马斯认为上述协作治理概念更多建立在个体和组织层面，忽略了社会层面的标准[3]。因此，吸收了艾默生等人的定义[4]，提出基于个体和组织的有限理性，将协作治理作为用于解决公共问题的"工具箱"。

学者们从不同视角对协作治理的概念进行了界定，本书梳理各版本定义后将其关键要素总结为以下几点：

第一，协作治理的产生源于制度性集体行动困境[5]。在制度性选择理论看来，协作治理是对公共事务问题复杂性、集体行动中的不道德问题[6]，以及碎片化政策系统的结构性回应，以处理邻避性公共问题的外部性、公共池塘资源等问题。另外，诸如问题本身特征等资源属性[7]；制度属性，如现存制度、规则和诱因[8]；现有共同体特征，比如信念异质性[9]等，都是协作群体形成的动力因素。

第二，参与者的多样性。解决社会公共事务或问题不再是政府组织的特权，且仅靠政府组织的力量也难以实现治理目的。因此，协调治理就是在不同行动者的资源禀赋差异基础上形成的相互依赖和权力共享结构，构成一个具有共识的动态组织系统，以解决制度性集体行动困境。

第三，正式或非正式的制度安排。部分学者将协作治理限定为正式的制度安排[10]，然而应该看到，协作治理表现为参与主体间的互动行为和过程，其赖以建

①　克劳斯·沃夫（Klaus Dieter Wolf）将协作治理中的合法性定义为公众同意被治理，政府行为和决策真正表达了公共目标。具体参见 Klaus Dieter Wolf，"Contextualizing normative standards for legitimate governance beyond the state" in *Participatory Governance*. VS Verlag für Sozialwissenschaften，eds. Grote J R，Gbikpi B，（Wiesbaden：2002）.

②　Newig，Jens，etal，"Comparative analysis of public environmental decision-making processes-a variable-based analytical scheme," Available at SSRN 2245518（2013）.

③　Scott T A，Thomas C W，"Unpacking the Collaborative Toolbox：Why and When Do Public Managers Choose Collaborative Governance Strategies?" *Policy Studies Journal* 45，no. 1（2016）：191—214.

④　作为政策工具箱的协作治理是指为实现公共目的，而进行的跨越公共机构、政府层级，或公共、市场和公民领域边界的公共政策决策和管理的过程和结构。详见 Emerson K，Nabatchi T，"Collaborative Governance Regimes：Stepping，" in *The Context for Collaborative Governance*（Georgetown University Press，2015），p. 18.

⑤　Feiock R C，"The Institutional Collective Action Framework". Policy Studies Journal，2013，41（3）：397—425.

⑥　Weber E，Khademian A M，"Managing Collaborative Processes：Common Practices，Uncommon Circumstances，". *Administration & Society* 10，no. 5（2008）：431—464.

⑦　Feiock R C，"The Institutional Collective Action Framework," *Policy Studies Journal* 41，no. 3（2013）：397—425.

⑧　埃莉诺·奥斯特罗姆：《公共事物的治理之道：集体行动制度的演进》，余逊达等译，上海三联书店，2000，第91页。

⑨　Leach W D，Sabatier P A，"To Trust an Adversary：Integrating Rational and Psychological Models of Collaborative Policymaking," *American Political Science Review* 99，no. 4（2005）：491—503.

⑩　Ansell C，Alison G，"Collaborative governance in theory and practice," *Journal of Public Administration Research and Theory* no. 18（2008）：543—571.

立的关系基础是嵌入在政治、社会、经济中的，可以表现为正式的，也可能表现为非正式的。

因此，协作治理是为了应对公共问题的复杂性、不道德问题和碎片化政策系统，由政府组织发起，并由私人组织、志愿组织等基于不同资源禀赋或利益诉求而参与互动的，具有共识导向的正式或非正式的制度安排。

政府间协作治理，即是协作治理在不同地区政府间、不同层级政府间、不同政府部门间的体现。本书倾向于采用乔治·弗里德里克森对政府间协作治理的定义，即存在于碎片化政府组织的横向和纵向网络之内及之间的活动，其目的在于减少协作不确定性，提供综合性公共服务，解决公共问题，建立互惠标准①。

3. 区域治理

区域治理是由公、私行动者超出其各自地方政府范围做出的指导整个或部分区域发展，或提供公共服务的有意识的决策过程②。"区域治理"术语可视作"治理"概念在超出单个行政辖区的特定空间范围内的运用。除了蕴含的治理内核外，关注的是限定地理范围内政府或居民为整个区域服务而进行的联合③。围绕区域治理实践和研究，产生了相关但属于不同范畴的称谓。这种称谓上的不统一往往让已有研究呈现碎片化状态，不利于学术对话和研究推进。已有对区域治理研究中，对涉及研究范畴的称谓主要包括城市群、大都市区/都市圈、跨行政区、跨界、跨（区）域、区域等，研究者大多根据研究设计对概念进行界定，并未形成相对清晰一致的内涵界定，难以进行学术对话。

作为公共管理学科的重要研究领域，"区域"首先应该是一个客观的空间存在，更为准确地说是一个基于行政区划又超越行政区划的经济地理概念。因为行政区划的法定边界无法涵盖公共管理中"区域"的外延，且政府行政区域的"内部性"公共管理活动同"区域性"公共管理活动的内涵不完全吻合④。

"城市群"是市场经济条件下资源要素集聚导致的城市化发展进阶，在中国现阶段及可预见的较长时期内将作为城镇化的主要演化形态和发展载体，是区域经济和社会发展的战略支撑点和增长极⑤。姚士谋等对城市群的概念作了较为详细的界定，认为城市群是特定地域范围内具有相当数量的不同性质、类型和等级

① H. George Frederickson，"The Repositioning of American Public Administration，". *Political Science & Politics* 32，no. 4（1999）：701—711.

② Harold Wolman，"Looking at Regional Governance Institutions in Other Countries as a Possible Model for U. S. Metropolitan Areas：An Examination of Multipurpose Regional Service Delivery Districts in British Columbia"，*Urban Affairs Review* 55，no. 1（2019）：321—354.

③ Norris D F，"Prospects for Regional Governance Under the New Regionalism：Economic Imperatives Versus Political Impediments，"*Journal of Urban Affairs* 23，no. 5（2001）：557—571.

④ 陈瑞莲：《论区域公共管理研究的缘起与发展》，《政治学研究》2003 年第 4 期。

⑤ 王佃利、史越：《跨域治理理论在中国区域管理中的应用——以山东半岛城市群发展为例》，《东岳论丛》2013 年第 10 期。

规模的城市，依托一定的自然环境条件，以一个或两个特大城市为地区经济核心，借助于通达的运输网络和信息网络，不断加强城市之间的内在联系，共同构成一个相对完整的城市"集合体"①。也有学者认为城市群是由多个城市为了在经济全球化过程中获得竞争优势而构建的一种新的经济发展模式②。从地理因素划分，有流域型城市群、沿海型城市群；从行政界限划分，包括跨省域城市群和省域内城市群/圈；从行政层级划分，包括同层级城市群和跨层级城市群。大都市区（metropolitan）是指通过地理和经济联合在一起的，由一个大城市和几个小城镇组合而成的城市聚集区，或者是包括一个具有一定规模的人口中心以及与该中心有着较高的社会经济整合程度的邻近社区③。罗纳德·J. 奥卡森将"大都市地区"定义为：一个由相对小，大部分联结在一起的自治市（通常是学区）组成的集合体，这个集合体有相对庞大的人口数量④。

边界在不同学科体系和语境中有不同的语义和内涵，而最普遍的理解首先是地理空间边界⑤。广义上看，跨界可以是跨行政区划的边界，也可以是跨部门和组织的边界；从公共管理学科来说，"跨界"通常与协调或协作治理联系在一起，指涉行政边界相邻和功能重叠的不同辖区公共部门共同解决其面对的区域性公共问题⑥；或者说是两个或两个以上的治理主体，包括政府、企业、非政府组织和市民社会，基于对公共利益和公共价值的追求，共同参与和联合治理公共事务的过程⑦。从狭义来说，"跨界"的内涵与"跨行政区"相吻合，行政边界同地理边界有联系，但不完全等同。通过对以上概念的分析发现，城市群和大都市区是区域演化的不同形态。比较而言，城市群强调城市数量，群内城市可以是经济社会发展水平持平的，也可能是差距较大的，呈现出结构模式的多元性；而大都市区的特点在于大城市及由周围聚集的小城镇构成的"中心—多卫星"式的结构模式。一般来说，城市群、大都市区治理都属于区域治理范畴，学者们在研究中对三者鲜有区分。但是也有学者认为大都市区治理与区域协作治理之间存在差别，包括区域内各城市地位是否平等、围绕核心城市需求抑或各个城市需求进行治理、城市间是否存在梯度差异等⑧。跨界/跨域、跨行政区实际上是从边界角度对区域治理的特点进行描述，强调治理主体的多元性、治理问题的复杂性，其

---

① 姚士谋、陈振光、朱英明等：《中国城市群》，中国科学技术大学出版社，2006，第5页。

② 蒋芙蓉、彭培根：《城市群整合视野下的长武经济走廊建设》，《湖南社会科学》2012年第1期。

③ 李国平等：《首都圈结构、分工与营建战略》，中国城市出版社，2004，第6页。

④ 理查德·菲沃克：《大都市治理冲突、竞争与合作》，许源源、江胜珍译，重庆大学出版社，2012，第123页。

⑤ 陶希东：《跨界治理：中国社会公共治理的战略选择》，《学术月刊》2011年第8期。

⑥ 王颖、杨利花：《跨界治理与雾霾治理转型研究——以京津冀区域为例》，《东北大学学报（社会科学版）》2016年第4期。

⑦ 张成福、李昊城、边晓慧：《跨域治理：模式、机制与困境》，《中国行政管理》2012年第3期。

⑧ 杨龙、胡世文：《大都市区治理背景下的京津冀协同发展》，《中国行政管理》2015年第9期。

实质是用协作治理方式替代传统的属地治理方式，也是城市群和大都市区提供公共产品和服务的重要手段之一。

在本研究中，区域治理的主体限定为政府组织，即区域府际协作治理，不探讨有私人部门参与的治理。结合前面分析，我们将区域府际协作治理界定为：为了解决跨界性公共事务、提供跨界公共产品或服务，由特定空间范围内的多个政府组织基于横向和纵向关联而形成的具有共识性的制度安排。

（二）制度

制度的概念有很多不同的含义和用法，是社会思想和理论中最古老、使用频率最高的概念之一，不少学者从经济学、政治学和社会学领域给予了高度关注。斯科特对制度概念做了一个综合性的定义，认为"制度包括为社会生活提供稳定性和意义的规制性、规范性和文化—认知性要素，以及相关的活动与资源"[1]。制度的重要特征在于其稳定性和弹性，且起着阻碍任意的结构性变迁和指引行为的作用，并总是试图改变环境而非适应环境[2]。在区域大气府际协作治理中，上级政府利用已有制度或制度设计，来诱导和制约地方政府协作动机，以期产生某种模式的行为结果。因此，在本研究中倾向于采用理性选择理论关于制度的概念，即制度是对理性构成限制的规则集合体，制度建立起了某种"政治空间"，相互依存的政治行动者在此空间内展开行动[3]。

研究者往往在不同层面使用制度概念进行分析。在区域大气污染府际协作治理的研究中，我们主要从两个层面来分析制度对协作行为的作用。一是外生给定的制度背景或环境，这里主要指上级政府通过制定相关政策法规来构建地方政府参与大气协作治理的规则空间。事实上，上级政府的介入行为也会受到地方政府行为和网络结构的影响而做出调整。但本研究主要集中讨论在相对稳定的制度环境下的府际协作行为，因此将其作为外生变量。二是内生的制度结构，主要是指党政关系嵌入下的城市行政层级差异结构。这一点将在后文详细说明，在此不再赘述。

（三）网络

网络是事物以及事物之间关系的集合。所谓事物既可以是实际的自然物质，也可以是具有象征意义的符号；而事物之间的关系则可以是多样的，如空间关联、行为互动、信息传递等。社会网络即是社会行动者及其相互间关系构成的

---

　　① Ｗ·理查德·斯科特：《制度与组织 思想观念与物质利益（第3版）》，姚伟、王黎芳译，中国人民大学出版社，2010，第56页.

　　② 詹姆斯·G. 马奇、约翰·P. 奥尔森，《重新发现制度：政治的组织基础》，生活·读书·新知三联出版社，2011，第53～54页。

　　③ 何俊志、任军峰、朱德米编译：《新制度主义政治学译文精选》，天津人民出版社，2007，第76页。

集合。从公共管理学科的角度来说，主要研究集中在政策网络、治理网络、协作网络等方面。本书所指网络为区域内城市政府间的协作网络，一是作为本书主要研究对象的城市政府及其围绕区域大气污染治理而形成的协作网络；二是作为大气污染治理府际协作网络影响因素的，城市政府间在其他领域合作而建立起的已有关系网络。前者是本研究的因变量，后者是本研究的自变量。

社会网络研究离不开行动者及其关系的集合。根据关系的性质，可以将社会网络研究分为三类：一是侧重关系"结构形式"的研究，二是对关系"内容"的研究，三是关注关系本身"渠道效应"的研究①。具体到本研究中，侧重讨论区域大气府际协作关系的"结构形式"和"内容"。一般来说，结构是指某种稳定的形式中相关角色、人群之间固定化的关系的一种形式②。所谓大气府际协作关系的结构形式是指特定区域内城市政府为了实现大气污染联防联控建立起的协作关系中的相对固定的形式；而关系内容则是城市政府的协作行为，指选择是否建立协作关系以及与谁建立协作关系。

二、研究对象

社会网络研究无法脱离社会行动者、社会关系和网络结构。本书的研究对象是中国区域性的大气府际协作治理，具体体现为区域内城市政府大气协作行为、协作关系和网络结构的影响机制。主要包括中国政治制度环境及已有关系网络下的城市政府协作行为逻辑和影响因素的理论研究，以及城市政府间协作行为、关系和网络结构的重要影响因素的实证研究。因此，本书结合已有制度理论、关系网络理论、治理理论及中国区域府际协作治理实践，构建了理解区域大气府际协作治理的制度与网络的理论框架。分别选取包括京津冀及周边地区的 52 个城市、长三角地区的 41 个城市、珠三角地区的 16 个城市和成渝城市群的 18 个城市作为网络分析的个体层面的分析对象，4 个区域作为网络分析的整体层面的分析对象进行实证研究。区域府际协作行为选择不仅受到自身特征和群体特征的影响，也受到了制度环境和地方政府间的已有关系网络的制约；同时，以上因素对城市政府间协作关系发展程度、关系结构特征有很强的塑造作用。通过对中国 4 个区域大气污染联防联控治理实践的分析，我们得以窥见各区域内城市政府协作行为、协作关系、协作网络结构是如何被诸多因素所影响的。

本书的研究立意是建立在经验观察的基础之上，试图发展已有区域府际协作治理的相关理论，接着用逻辑演绎推导出可靠的判断与假设，再利用经验证据对研究假定进行验证。特别需要强调的是，本书的研究材料来自中国城市政府间在大气污染治理方面的协作实践，是对当前大气治理实然状态的一种描述与检

---

① 刘军：《整体网分析》，格致出版社，2014，第 11—12 页。

② 何俊志：《结构、历史与行为：制度主义的分析范式》，《国外社会科学》2002 年第 6 期。

验，并不涉及价值判断。另外，本书的研究是基于特定经验条件下的、适用于特定范围的理论和洞见，并非普适和绝对的真理。本研究中所使用的积极影响和消极影响属于中性词汇，也指是否有助于城市政府间府际关系的建立、发展以及是否有助于提升城市政府在协作网络中的地位和影响力，但并不代表本书对这种影响的肯定或否定态度。

三、研究设计与方法

学术研究需要兼顾研究内容的价值性和研究结论的可靠性。为此，本研究严格按照"问题提出—理论建构—假设验证"的研究思路进行研究设计。在研究方法上，通过定性研究建构理论模型，采用混合研究方法对研究假设进行实证检验。

在第一阶段，研究首先通过对区域府际协作治理领域的理论综述，归纳总结已有研究的研究重点，并发现可能存在的理论空间；再结合实地调研的经验性把握，提炼出研究的切入点——国家制度与地方政府间关系网络对区域府际协作行为、关系和网络结构的塑造。

基于上一阶段揭示的可进一步研究空间，吸收有关行为、制度与社会关系的理论成果，本书提出了用于分析地方政府协作行为与模式的制度与网络模型。最后，基于该模型，通过逻辑演绎的方法推导出本书的四个基本研究假设。

在第三阶段，研究主要采用定量分析方法对研究假设进行逐一检验。采用分析"关系"的定量方法——社会网络分析法（SNA），根据各区域协作关系网络的结构特点分析群体异质性和已有关系网络对协作关系的影响；同时利用多元回归分析检验城市个体属性对其协作地位的影响。由于制度环境难以量化的特点，本书使用定性比较分析法检验制度环境对于协作关系的差异性影响。

在第四阶段，基于前述理论框架和实证检验结果，对中国区域大气治理中影响地方政府协作行为、协作关系及网络结构的相关因素进行进一步归纳总结，进而阐释研究所具有的政策含义，提出理论创新和研究展望。

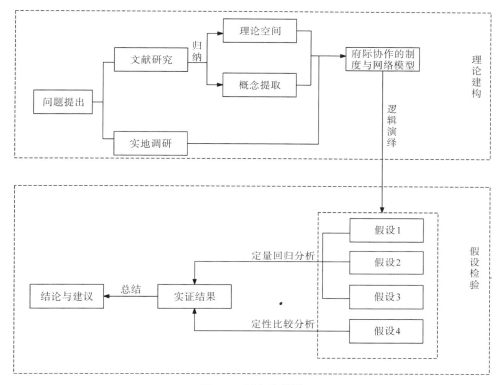

图 1-1　研究路线图

第三节　本书结构与章节安排

依据上述思路，本书分为六章，主要内容安排如图 1-2 如示。

第一章，导论。首先简要介绍了我国区域环境协作治理困境及治理模式的转向，并在此基础上指出区域环境治理的府际协作机制研究的必要性；其次提炼出本书的核心研究问题和研究价值，接着对文中的重要概念进行界定；再次交代了本书的研究对象及会使用到的研究方法和技术路线；最后对文章的行文结构和章节安排进行了简要介绍。

第二章，文献综述。该部分主要围绕区域环境协作治理所涉及的政府间关系及协作机制和行为，对国内外已有研究成果进行了梳理。由于政府体制的差异对政府运行过程具有根本性影响，本书从国内已有研究梳理入手，首先从公共管理视角介绍了我国有关区域府际关系的研究成果，有助于我们清晰地认识到区域府际协作关系所嵌入的制度背景；其次介绍了有关我国区域协作初始动因的研究，并从制度、政策和治理三个视角总结了已有研究中有关府际协作治理困境研究；另外还梳理了已有研究对协作机制的类型划分，介绍了已有实证研究所涉及

的研究样本和技术路线，以及所使用的研究方法。由于协作治理理论是发源于西方管理实践的理论，因此厘清其发展脉络是我们正确借鉴相关理论的前提。国外已有研究方面：第一，对区域协作治理理论研究进行溯源，介绍了境外有关区域府际协作治理的两种流派；第二，介绍了典型西方国家因地方政府碎片化而带来的协作治理困境，以及已有协作机制和工具类型；第三，从群体特征、政治、经济等几方面梳理了境外已有研究中有关地方政府协作行为的影响因素；最后，本书对已有研究进行简要述评，总结已有研究的不足和可进一步研究的空间。

第三章，理论与研究假设。首先，基于已有国内外已有研究成果，并结合对中国区域环境府际协作治理实践的观察，本书从制度和网络的双重视角提出一个解释中国区域性地方政府间协作治理机制选择的分析框架。其次，针对本书的研究问题，结合已有研究和构建的分析框架，提出相应的研究假设。具体而言，围绕着外部权威对区域地方政府间环境协作治理的介入程度与协作网络结构特点之间的关系，提出本书的第一组研究假设；紧接着，为了研究影响地方政府间协作行为、协作机制选择、协作网络特征的相关因素，从自然、经济、社会、政治四个方面对单个地方政府协作行为的影响，以及其在区域层面呈现的同质性或异质性结构对整体协作网络的影响，提出本书的第二、三、四、五组研究假设。最后，考虑地方政府间业已建立的关系结构对其在环境治理领域的协作行为及关系的影响。

第四章，研究设计：样本与数据。首先，对本书研究涉及的样本城市进行简要介绍，这些城市来自京津冀及周边地区、长三角地区、珠三角地区和成渝城市群四个在国内发展相对成熟的城市群。其次，详细介绍了本书的数据结构、数据来源和搜集方法。数据可分为有关样本城市经济社会环境等方面基本情况的数值型数据，有关央地互动、地方政府间协作行为的关系型数据，以及城市行政层级及主政官员的个人特征数据。最后，对所选择变量进行简单的描述性分析和相关性分析。

第五章，实证结果与分析。利用已收集的数据，对研究假设进行检验，并对检验结果进行分析。

第六章，研究结论与政策建议。首先总结本书研究的主要结论，进而针对我国地方政府间环境协作治理提出政策建议。同时，点出本书在理论与方法上的创新之处，总结出本书现存的研究不足，以及提出未来可行的研究展望。

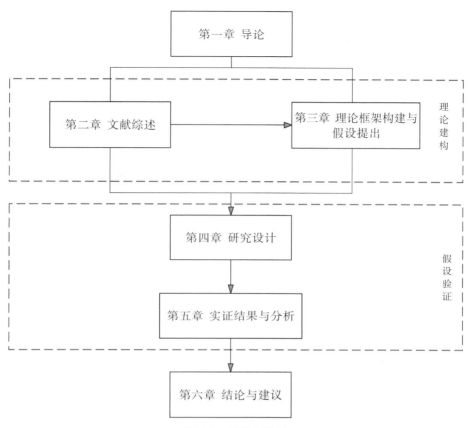

图 1-2 章节安排图

第二章　文献综述

区域性地方政府协作治理是指在特定地理空间范围内，多个地方政府基于共同目标或问题而彼此协作形成的关系结构和组织行为。本书对区域协作治理相关研究的梳理有助于厘清已有研究进展，为本研究提供理论基础。从主体关系来看，地方政府间协作治理的内核是府际关系，包括横向的地方政府关系，纵向的央地关系、地方政府内部上下级关系，以及斜向关系等。因此，本章拟先对区域性府际关系相关研究进行介绍，接下来对区域性地方政府协作的兴起动因、协作困境、协作机制类型、工具选择等基础理论，以及相关的经验性研究展开述评。

第一节　区域府际协作治理困境及原因

一、区域府际协作治理的必要性及实践

任何学科、理论的产生无不与时代发展、社会需要密切相关。过去几十年，对区域制度的设计或者再设计已成为许多国家的重要政治议程①②。这一过程受到两种发展趋势的驱动：一是伴随公共服务生产和提供的去中心化或分权，区域化得以成为公共回应性与区域性和地方性需求结合的策略，确保成本效率和规模经济的重要手段；二是全球经济催生了民族国家内部区域性合作③，带来了与其看似悖反的区域集群（regional clusters）④，推动了区域空间的重新划分。随着人口、资源和生产在区域范围内集聚，加之市场无界化等要素构成的21世纪的全新政治行政生态格局，原有的"内部性"的社会公共问题与公共事务趋向于"外部化"和"无界化"，各类社会发展问题和环境压力在更大空间范畴下集中出现，区域公共问题大量涌现⑤。可以说，在全球性的城市群发展背景

---

① Newman Peter, "Changing Patterns of Regional Governance in the EU," *Urban Studies* 37, no. 5—no. 6 (2000): 895—908.

② 美国学者詹姆斯·米特尔将新区域主义划分为宏观区域主义、次区域主义和微观区域主义。本书所指的区域为一国之内的微观区域层面。具体解释参见：J. H. 米特尔曼：《全球化综合征》，刘得手译，新华出版社，2002，第134页。

③ 孙柏瑛：《当代发达国家地方治理的兴起》，《中国行政管理》2003年第4期。

④ 刘锋：《新时期区域公共管理创新》，《中国行政管理》2002年第5期。

⑤ 陈瑞莲：《论区域公共管理研究的缘起与发展》，《政治学研究》2003年第4期第77页。

下，公共问题的跨界性、资源稀缺性、公共产品或服务的外溢性等都强烈呼唤着地方政府协作治理的新模式①②。

在国外，协作治理（collaborative governance）方式被广泛地运用于经济发展、市政预算、公共健康、基本公共服务、环境保护与修复、交通和土地使用等公共政策领域，尤其在环境政策和管理领域运用十分普遍，因为诸如水资源管理、濒危物种保护等需要跨越不同政治边界和公共政策部门。正如布兰得利·卡尔坎尼所言："主权领土边界内部或者跨边界的复杂生态问题的解决越来越超出主权国家能力范围，相对应开始出现了明显的以问题解决为导向的多中心治理模式。"③ 从地方流域治理、区域港湾到大型河流系统，这些新的协作治理模式层出不穷。尽管欧美国家社会组织力量强大，积极地参与到环境协作治理等社会公共事务中，但近年来，美国及其他西方国家城市政府常常使用地方政府协作来作为公共服务私有化的替代形式④，并呈现出快速发展态势⑤。经济合作与发展组织（OECD）曾将环境保护和经济持续发展的政策问题看作是促成地方政府间伙伴关系建立的首要原因，并认定地方政府间所建立的横向伙伴关系是其他合作关系无法取代的机制⑥。

而中国市场经济发展起步较晚，产生区域府际协作治理需求和实践的时间也较短。到目前为止，我国区域性地方政府间协作大致可分为三个阶段：第一阶段围绕区域经济一体化发展，以跨界经济技术协作为主要形式；第二阶段是都市圈一体化规划，主要集中在基础性公共设施建设方面；现阶段是初级公共事务协作，包括基本公共服务、生态环境保护等⑦。实际上，地方政府间协作最初是作为规范其经济竞争行为的约束机制出现，在实践过程中才逐渐延伸到广泛的社会领域⑧。

① 张成福、李昊城、边晓慧，《跨域治理：模式、机制与困境》，《中国行政管理》2012 年第 3 期。

② Ole Johan Andersen，Jon Pierre，"Exploring the Strategic Region：Rationality，Context，and Institutional Collective Action，"*Urban Affairs Review* 45，no. 45（2010）：218—240.

③ Bradley C，Karkkainen，"Post-Sovereign Environmental Governance" *Global Environmental Politics*，4，no. 1（2004）：72—96.

④ Germà Bel，Xavier Fageda，"Reforming the local public sector：economics and politics in privatization of water and solid waste" *Journal of Economic Policy Reform* 11，no. 1（2008）：45—65.

⑤ 政府倾向于公共部门，而不是同非政府组织协作的原因主要有三点：一是政客或雇员可能由于各种利益因素反对将涉及公共产品的核心服务外包给私营部门；二是公私伙伴的代理成本可能很高；三是在一个特定的公共服务市场中，可能没有足够的竞争来产生效率。详细参见 Curtis Wood，"Scope and Patterns of Metropolitan Governance in Urban America，" *American Review of Public Administration* 36，no. 3（2006）：337—353.

⑥ OECD，"Local partnerships for better governance"，*Paris*：OECD，2001.

⑦ 崔晶：《大都市区跨界公共事务运行模式：府际协作与整合》，《改革》2011 年第 7 期。

⑧ 巩丽娟：《长三角区域合作中的行政协议演进》，《行政论坛》2016 年第 1 期。

二、区域府际协作治理的困境

只有个体才在区域府际协作治理方面拥有行动能力，然而个体通常以群体或组织的名义行动。因此，研究由职位、权威和共同规则确定的行动者之间的集体行动是非常有意义的。① 地方政府对区域公共问题的集体性回应有利于产生联合收益，但是这些收益并不能充分刺激协作机制的产生，这就导致了菲沃克所说的制度性集体行动困境。制度性集体行动困境可以分为横向的、纵向的和功能性的三种。横向集体行动困境多源于政府规模过小或过大而无法有效生产期望的公共服务，或是自公共服务生产导致的跨边界外部性。纵向集体行动困境产生于不同层级政府同时追求相同的政策目标时，这种困境可能发生在经济发展和环境管理过程中。而功能性集体行动困境则反映了由特定功能和政策领域产生的碎片化，它是当功能区域和政策场域以及政府单元之间发生外部性问题时，服务、政策和资源系统之间的连通性②。

在欧美学界，许多学者使用交易成本经济学来解释地方生产决定、地方政府间合作和具体的共享性服务供给③。不确定性、有限信息、投资特征是描述市场交换的关键因素。后来公共行政和城市政策领域引入交易成本的概念，用来解释不同政策领域的行政决定和组织制度，认为地方政府协作提供公共服务时可能会出现协调、分配和背叛的问题④。

两个或两个以上地方政府共同构建一项共享性服务提供的制度安排时会产生协调问题⑤。当共同收益不清晰时，谈判成本将会相对较高，并且会阻碍地方政府官员加入合作。另外，辖区内居民偏好差异也会造成协调成本的增加⑥。还有，政府机构内部、党派之间在公共服务提供方面的不同动机或偏好，同样是导致协调成本增加的重要因素，比如同一政府中，行政人员通常期望实现长期的成本节约，而民选官员则更愿意达成短期的成本节约⑦。

当地方政府同意协作的总体目标，而群体内部在划分和分配期望收益遇到困

① Ostrom，Elinor，"*Understanding institutional diversity*，" Princeton Univ. Press，2005. p. 121

② Feiock R C，"The Institutional Collective Action Framework，" *Policy Studies Journal* 41，no. 3 (2013)，p. 397—425.

③ Hefetz A，Warner M E. "Contracting or Public Delivery? The Importance of Service，Market，and Management Characteristics，" *Journal of Public Administration Research ＆ Theory*，22，no. 2 (2012)：289—317.

④ Hawkins C V. "Prospects for and Barriers to Local Government Joint Ventures，" *State ＆ Local Government Review* 41，no. 2 (2009)：108—119.

⑤ 与④同。

⑥ Feiock R C.，"The Institutional Collective Action Framework，" *Policy Studies Journal* 41，no. 3 (2013)：397—425.

⑦ Kwon Sung Wook，Feiock R C，"Overcoming the Barriers to Cooperation：Intergovernmental Service Agreements，" *Public Administration Review* 70，no. 6 (2010)：876—884.

难时则会产生分配问题①。然而，国外有关地方政府间协作治理困境中分配问题的讨论相对较少。安妮特·斯坦尼克使用博弈论对协作治理中的分配问题进行了讨论，认为分配成本是非竞争性和有限排他性服务的协作提供中极为明显的障碍，"这些情况下的合作取决于合作结果的价值与每位玩家理想结果之间的关系"②。她的研究表明，参与者会接受偏离理想水平的回报，但是背叛的风险会随着差距的扩大而增加。克里斯托夫·霍金斯指出分配问题体现在分工、成本分担和利益分配三个方面，它们都是联合行动的障碍③。

当参与者对协议不遵从时则产生了背叛问题，在可靠性承诺缺乏的前提下，谈判方有背叛和搭便车的动机④。当地方政府面临有限信息、对未来的不确定性和伙伴可能表现出的机会主义行为时，政策决定是极其有风险的。这种背叛风险主要来自资产专用性和测量困难性⑤。事实上，每个参与者必须坚信其他人有一致的政策偏好，愿意维持潜在目标和协议目标，并且承诺履行其责任，才能保证协作关系的维持和协作行动的顺利展开。

在美国的大都市区，政府机构设置的多中心特征为相互之间的服务共享创造了机会；但由于可能合作伙伴、服务提供范围和服务安排复杂性等的存在，也增加了其潜在的协作风险⑥。从行动集体结构来看，协作参与者之间利益差异的存在，使得难以达成一致目标；参与方力量不对称，可能有碍平等谈判的进行；彼此之间由于互动程度不同及由此产生的信任差异，也可能导致协作的不顺畅⑦。从协作过程看，信息搜集成本、协作绩效评估的困难、监督和执行成本等都是地方政府协作治理的主要困境所在⑧。

除上述有关研究外，国内也有学者将区域府际协作治理困境总结为三类：一

---

① Hawkins C V，"Prospects for and Barriers to Local Government Joint Ventures，"*State & Local Government Review* 41，no. 2（2009）：108—119.

② 菲沃克主编《大都市治理 冲突、竞争与合作》，许源源，江胜珍译，重庆大学出版社，2012，第31—44 页。

③ Hawkins C V，"Prospects for and Barriers to Local Government Joint Ventures，"．*State & Local Government Review* 41，no. 2（2009）：108—119.

④ Feiock R C，"Metropolitan Governance and Institutional Collective Action，"*Urban Affairs Review* 44，no. 3（2009）：356—377.

⑤ Brown T L，Potoski M，Slyke D M V，"Managing Public Service Contracts：Aligning Values，Institutions，and Markets，"*Public Administration Review* 66，no. 3（2006）：323—331.

⑥ Carr J B，Hawkins C V，"The Costs of Cooperation：What Research tells us about Managing the Risks of Service Collaborations in the U. S"，*State & Local Government Review* 45，no. 4（2013）.

⑦ 秦长江：《协作性公共管理：国外公共行政理论的新发展》，《上海行政学院学报》2010 年第 11 期。

⑧ Steinacker，Annette，"Game Theoretic Models of Metropolitan Cooperation，" in，*Metropolitan Governance：Conflict，Competition and Cooperation*，ed．Richard C. Feiock（Washington D. C.：Georgetown University Press，2004）.

是地方政府合作中共同利益与自我利益博弈的困境；二是地方政府合作协调机制设置与效率的困境；三是地方政府合作组织形式与权威的困境[①]。锁利铭则认为我国地方政府存在"经济人"和"政治人"的双重动机，产生了区域协作治理中的合作意愿困境和交易成本困境[②]。

三、产生区域府际协作治理困境的原因

关于区域府际协作治理困境产生原因的研究主要有以下三个视角。

一是制度分析视角。以道格拉斯·诺斯（Douglass C. North）为代表的新制度经济学派，运用制度变迁来解释经济运行的绩效，其中也暗含着政府间竞合关系的分析视角。在该学派的影响下，政治学、行政管理等学科对区域问题的研究也开始将"制度"作为分析工具纳入视野。该类研究的基本假设前提：制度是分析合作困境的重要线索，制度环境深刻塑造着政府间关系及其合作行为。通过分析现有政府协作中制度设计缺陷来解释造成合作困境的深层原因，再基于原因分析建构新的制度安排。经济学领域学者最早从制度视角对阻碍地方政府合作的因素进行了研究。沈立人等在对"诸侯经济"成因的分析中指出，行政分权和财政包干制度导致地方政府均向经济利益主体身份倾斜，追求大而全的地方经济发展战略，鲜有跨行政区政府合作[③]。而周黎安教授认为财政和经济激励难以有效解释地方官员不合作行为和各地方重复建设问题，提出"政治锦标赛"（Political Tournaments）模型来解释政治晋升博弈下官员的激励与合作倾向。他认为处于政治锦标赛博弈中的地方官员不愿意进行区域合作与分工，对于那些双赢的区域合作机会"反应冷淡"[④]。李天籽在研究激励结构与中国地方政府对内对外行为选择差异影响的分析中也得出了同样的结论，即中央政府以经济增长为核心的晋升锦标激励机制，导致地方政府实施地方保护和分割市场行为[⑤]。张少军等运用博弈模型分析政府制度安排对区域产业协调发展的影响时，同样验证了财政分权和政治晋升的分权治理结构对地方政府"分割"策略选择的导向作用[⑥]。

二是政策分析视角。政策是政府履行职能和解决区域问题的主要工具，因此，不少学者认为我国地方政府间合作难以有效推动的原因在于缺乏宏观政策保障和具体的政策安排。赵新峰等人在这个角度上指出，区域政府间协同治理大气

---

①　蔡岚：《我国地方政府间合作困境研究述评》，《学术研究》2009 年第 9 期。

②　锁利铭：《地方政府区域合作治理转型：困境与路径》，《晋阳学刊》2014 年第 5 期。

③　沈立人、戴园晨：《我国"诸侯经济"的形成及其弊端和根源》，《经济研究》1990 年第 3 期。

④　周黎安：《晋升博弈中政府官员的激励与合作——兼论我国地方保护主义和重复建设问题长期存在的原因》，《经济研究》2004 年第 6 期。

⑤　李天籽：《激励结构与中国地方政府对内对外行为差异》，《中国行政管理》2012 年第 8 期。

⑥　张少军、刘志彪：《我国分权治理下产业升级与区域协调发展研究——地方政府的激励不相容与选择偏好的模型分析》，《财经研究》2010 年第 36 期。

污染的前提是政策协调①。张可云在研究区域经济政策时指出，中国并未形成完善的区域政策基础，不存在可供区域政策利用的区域划分框架，以及存在区域政策工具残缺且不具有针对性、没有对区域政策制定和执行的监督与评估等问题，从这种意义上看，尚无真正意义上的区域政策②。事实上，区域政策制定主体间关系内嵌于府际关系之中。吴光芸等认为由于政策制定主体的多元性和非隶属性、利益博弈、信息阻塞、价值分歧等因素的影响，致使区域合作中政策冲突的产生，并导致合作效果大打折扣③。即使在政府间合作广泛开展的泛珠三角区域，以政府间协议为主要形式的合作政策也尚未从根本上弥补行政鸿沟，纠正政绩竞争思想④。还有研究者认为法律法规的缺失严重阻碍了政府合作政策，一是地方政府合作权限不明确、不稳定，二是地方政府往往走"唯上"路线而忽视同级政府间合作，三是府际合作事务的处理存在争权诿责的情形⑤。也有研究者从权力视角分析，提出造成区域公共问题治理困境的是在跨界空间区域管辖权力缺位和地方政府竞争中滥用权力⑥。

三是治理分析视角。治理模式是指不同主体，根据环境特征、自身及客体需求等因素，采用一定机制来对相关对象进行治理的特定形式⑦。主流的区域治理模式类型主要有科层制模式、市场机制模式、社群治理模式和网络治理模式。饶常林将府际协同的模式分为市场的、科层的和网络的三种模式⑧。当前京津冀大气污染治理中，由于信息不对称、产权划分不明晰等原因导致市场模式的失灵；而三地区域层面协同立法缺乏合法性、央地行动不一致等原因造成科层协调失灵；网络模式结构松散，组织制度不健全，责任归属困难，不太符合中国现实国情⑨。中国区域治理实际上是以"政府统筹式治理为主，多元参与式治理为辅"⑩，区域府际协作治理中最常使用的是科层协调模式。曾维和等人认为部门、府际、行政的圈层分割是城市大气污染治理的结构困境，当前对环保机构垂直整合改革后的治理模式也存在着"条"上的权力有效监督缺乏，"块"上的功能协

① 赵新峰、袁宗威、马金易：《京津冀大气污染治理政策协调模式绩效评析及未来图式探究》，《中国行政管理》2019年第3期。

② 张可云：《区域经济政策：理论基础与欧盟国家实践》，中国轻工业出版社，2001，第37页。

③ 吴光芸、李培：《论区域合作中的政策冲突及其协调》，《贵州社会科学》2015年第2期。

④ 曾婧婧：《泛珠三角区域合作政策文本量化分析：2004—2014》，《中国行政管理》2015年第7期。

⑤ 宋洁尘、陈秀山：《区域政府的制度供给与区域经济发展》，《云梦学刊》2005年第1期。

⑥ 彭彦强：《论区域地方政府合作中的行政权横向协调》，《政治学研究》2013年第4期。

⑦ 汪伟全：《区域合作中地方利益冲突的治理模式：比较与启示》，《政治学研究》2012年第2期。

⑧ 饶常林：《府际协同的模式及其选择——基于市场、网络、科层三分法的分析》，《中国行政管理》，2015年第6期。

⑨ 赵新峰、袁宗威、马金易：《京津冀大气污染治理政策协调模式绩效评析及未来图式探究》，《中国行政管理》2019年第3期。

⑩ 朱成燕：《内源式政府间合作机制的构建与区域治理》，《学习与实践》2016年第8期。

调困难等问题[①]。

第二节　区域府际协作治理机制

一、集权与分权：区域协作治理的两种模式

西方国家在试图解决区域发展过程中面临的公共问题时，相继形成了以区域性集权为代表的大都市主义（也称区域主义）和以分权的多中心为代表的新区域主义。

19世纪前半叶，不少学者就试图简化美国大都市的"拼图"问题[②]，提出了区域主义的发展模式。他们认为大都市区林立重叠的政府单元混乱不堪，国家的活力被这些相互竞争的城镇、村庄、城市和特别区所削弱。只有大都市政府才能消除自我挫败的内部竞争，提高服务效率，减少公共资源分配和发展的不公平现象，满足大都市地区的公共服务需求[③]。因为大都市政府在制定整个区域性标准政策、增加税收和区域规划方面的能力是碎片结构下单个政府机构所不具备的[④]。随着统一的区域政府在各单元获得广泛的政治权威，不均衡发展的负面溢出效应可以被公平地吸收或减少。

然而，学者们并不一致认同中心化的区域治理模式，且在实践中建立统一区域性权威政府，诸如市县合并等行动也基本付诸东流，其中有部分学者开始积极倡导碎片化的多中心治理模式[⑤]。在争论的第一阶段，多中心主义者主要关注了去中心化的政府单元在其边界内有效回应公民需求的能力[⑥]。在蒂博特[⑦]研究成果之上，他们通过实证研究发展了经济理论，用以解释公共物品提供中的竞争，并赋予了地方政府竞争所体现的回应性和效率的积极内涵。然而，大都市地区的制度性集体行动是一种策略互动，各辖区虽选择自己的政策，但是他们的结

---

①　曾维和、咸鸣霞：《圈层分割、垂直整合与城市大气污染互动治理机制》，《甘肃行政学院学报》2018年第4期。

②　Maxey C C，"The political integration of metropolitan communities" *National Municipal Review* 11，no. 8 (1922).

③　Stephens，G Ross，and Nelson Wikstrom，"Metropolitan Government and Governance：Theoretical Perspectives，Empirical Analysis，and the Future，"（New York：Oxford Univ. Press，2000）.

④　Miller，David Y，"The Regional Governing of Metropolitan America，"（Boulder：Westview Press，2002）.

⑤　Feiock，Richard C，*Institutional Collective Action and Local Goverance*，（Working Group on Interlocal Services Cooperation，2005），pp. 1−31.

⑥　Lowery D，Lyons W E，Dehoog R H，et al，"The Empirical Evidence for Citizen Information and a Local Market for Public Goods，" *American Political Science Review* 89，no. 3 (1995).

⑦　Charles M，Tiebout，"A Pure Theory of Local Expenditures，" *Journal of Political Economy* 65，no. 5 (1956).

果却直接受到其他行动者决策的影响①。将囚徒困境分析框架运用于该情境是有问题的，因为它假设交易成本为零。在典型的大都市多中心地区，该模型假设限制因素是外生的，并且只有外部权威对其进行改变时才能得以解决②。事实上，行动者之间的协作结果是有能力改变其面对的制约因素的。

后来，以埃莉诺·奥斯特罗姆为代表的新区域主义者认为，大都市地区并非多中心主义者宣称的那样混乱，而是拥有一种异质的、自愿的一致性，这些分散的自治单元能在补丁式的政府结构中达成合作协议。正如帕克斯等人所说，其结果是一个由各种不同的、特别的安排共同编织而成的"复杂的有组织的系统"③。近三十年，新区域主义下的多中心治理倡导者不断呼吁大都市区域治理的新形式，并做了大量工作。无论新区域主义者支持何种类型的治理形式，其目的是基本一致的。首先，无论是何种正式或非正式协作治理理论，都相信合作能使区域在全球竞争中变得更具竞争力；其次，通过其倡导的治理机制，能够在碎片化的大都市区域内解决外部性问题；最后，利用新的区域治理机制为陷入困境的中心城市提供财政和其他形式的救济。

新区域主义者与早期都市改革者之间有很多相似之处，比如，双方都相信区域性治理机制是解决效率和公平问题所必需的。但二者存在一些根本性差异。第一，新区域主义的主要理论关注点从效率和公平问题转移到了区域竞争力，并提供了严密的经济学理论；而倡导区域主义的都市改革相关文献并没有为其作出相应的经济学解释，而主要采用规范性论述。事实上，都市改革相关文献虽未讨论经济改革基本理论，但是 19 世纪晚期，大量城市官员采用兼并措施来巩固经济竞争力，并使用经济增长和竞争力作为获取市县合并或其他城市结构改革的支持④。例如，纽约市 1898 年合并的一个主要原因是为了确保自身对芝加哥和其他地区竞争对手的经济优势。第二，新区域主义者和早期都市改革者开出的药方完全不同。回顾第二次世界大战结束后的前三十年里发展起来的都市改革文献，都市改革者大多敦促美国大都市进行正式的结构变革⑤。他们认为需要区域性的正式的有权威的政府机构来应对郊区扩张和政府分裂带来的负面影响，解决负外部性问题，并实现一定程度的公共资源配置的公平性。相反，新区域主义者倡导自

① Brueckner J K, Saavedra L A, "Do Local Governments Engage in Strategic Property—Tax Competition?" *National Tax Journal* 54, no. 2 (2001): 203—229.

② Ostrom, Elinor, "A behavioral approach to the rational choice theory of collective action," *American Political Science Review*, 92 (1998): 1—22.

③ Parks R B, Oakerson R J, "Comparative Metropolitan Organization: Service Production and Governance Structures in St. Louis and Allegheny County," *Publius: The Journal of Federalism* 23, no. 1 (1993): 19—39.

④ Rosentraub M S, "City-County Consolidation and the Rebuilding of Image: The Fiscal Lessons from Indianapolis's UniGov Program," *State & Local Government Review* 32, no. 3 (2000): 180—191.

⑤ 具体参见 1969 年美国政府间关系咨询委员会的研究报告。

愿协作形式来实现区域治理。

应该看到，无论双方对推进区域治理思考的贡献如何，都市改革者和新区域主义者都没有成功地在美国大都市地区的区域治理性质或特征上实现重大改变[①]。正如诺里斯所指出的，都市改革主义的失败意味着区域治理改革的政治阻力很大，而新区域主义倡导的经济发展需求是否存在依然是一个问题，如果没有区域性的政府机构推动，区域治理是否可能呢[②]？在各国不同的制度环境下，会演化出何种形式的区域府际协作治理模式，不同形成的区域府际协作治理又会产生何种效果？这些问题并不是简单的集权或分权主义所能回答的。

二、府际关系与协作机制

美国学者巴罗在《大都市政府》一书中指出："大都市区治理是指在一个大都市区没有正式政府管理时的治理。大都市区在功能和行政辖区上，都是非常碎片化的。只有通过不同机构和政府之间的一系列制度安排、合作与整合才能实现。因此，大都市区治理是一种治理系统，政府间关系在其中起主要作用。"[③]从本质上来说，区域府际协作是地方政府围绕区域发展，以行政权力为核心形成的相互间关系的调整过程[④]。区域府际协作治理机制则可界定为，通过有目的的制度安排而形成的区域内多元政府主体之间相互联系和相互作用的模式[⑤]，或者说是为解决地方政府面临的制度性集体行动（Institutional Collective Action，简称 ICA）问题而采取的制度安排[⑥]。按此标准，区域府际协作治理机制可分为横向机制与纵向机制。

（一）"国外协作"：横向为主、纵向为辅

从 20 世纪 60 年代开始，美国联邦政府项目呈爆炸式增长。美国联邦拨款的增长、联邦—州项目和联邦—地方项目的增加、对非政府组织发展的倡导、州政府角色的扩张等产生了跨政府边界行动和交易的必要性。跨边界的地方政府间协作的产生可以有两种路径，一种是自上而下地由上级政府发起的，另一种是自下而上的或横向地方政府间跨辖区有意识创建的[⑦]。21 世纪之前，多数研究集中在

① Norris D F，"Prospects for Regional Governance Under the New Regionalism：Economic Imperatives Versus Political Impediments，" *Journal of Urban Affairs* 23，no. 5（2001）：557-571.

② Norris，Donald F，"Whither metropolitan governance?" *Urban Affairs Review* 36，no. 4（2001）：532-50.

③ I. M. Barlow，*Metropolitan Government*，（New York：Routledge，1991），p. 294.

④ 杨龙、彭彦强：《理解中国地方政府合作——行政管辖权让渡的视角》，《政治学研究》2009 年第 4 期。

⑤ 褚添有、马寅辉：《区域政府协调合作机制：一个概念性框架》，《中州学刊》2012 年第 5 期。

⑥ 邢华：《我国区域合作治理困境与纵向嵌入式治理机制选择》，《政治学研究》2014 年第 5 期。

⑦ Agranoff R，Mcguire M，"Expanding Intergovernmental Management's Hidden Dimensions，". *American Review of Public Administration*，29，no. 4（1999）：352-369.

自上而下方式，阿格拉诺夫等意识到地方政府间横向合作形式的增多及其重要性后，提出要更多地转向对横向形式的关注。正如凯特所说，管理政府间相互依赖关系已经变得更加普遍、例行化和复杂化①。

地方政府建立横向关系主要受三个因素驱动。第一，为了减少交易成本。行动者之间建立的水平关系有助于长期的持续性交流，鼓励官员之间的有价值互动，从而减少协作各方的信息成本、谈判成本、执行成本和代理成本。第二，横向关系可以用来解决协作产生的成本及收益分担问题。如果地方政府对商品和服务有共同的偏好，那么分配问题的解决就相对简单。第三，横向关系可以用来防止潜在的背叛问题②。

地方政府间协作更多是通过建立横向关系实现的，但实践中表现出地方政府主动或被动地与高层级政府建立关系的特点。不少大都市治理文献从垂直管理网络、资金流动以及与州政府的权力关系角度探讨了自上而下发起的地方政府间协作，及其对地方政府政策的影响③④。有几个因素可以解释为什么地方政府在面临协调问题时，更愿意与高层级政府建立纵向关系。第一，高层级政府有对资金的控制权。许多用于地方社会经济发展的公共基金来源于联邦或州政府，地方政府需要通过正式的程序向上级政府申请资金，以满足当地需求⑤。同时，高层级政府也可以通过制定额外要求，使地方政府关注申请资金项目的全面性和长远影响。因此，高层级政府利用权力依赖关系或权威来协调地方政府间协作行为，可以清晰地识别地方需求并为其提供合法性权威⑥⑦。第二，与高层级政府间的关系能提供成本分担和收益分配机制，解决威胁集体行动的潜在冲突。第三，降低监控成本。当地方政府依靠上级政府权力来实施监管权力时，对潜在背叛的监控成本可以最小化。由于州和联邦机构的拨款或贷款是地方经济发展项目的重要奖金来源，高层级政府可以实施严格的绩效标准，并要求参与协作的地方政府遵守特定协议。比如密歇根地区，第425号公共法案的法定框架允许地方政府与另一

① Kettl，D. F. "Overning at the millennium," in Handbook of public administration (2nd ed.), ed. J. L. Perry. (San Francisco：Jossey-Bass，1996).

② Feiock R C, "Metropolitan Governance and Institutional Collective Action," *Urban Affairs Review* 44，no. 3 (2009)：356—377.

③ Stephen，Ross G, and Nelson Wikstrom, *Metropolitan government and governance：Theoretical perspectives，empirical analysis，and the future* (New York：Oxford Univ. Press，2000).

④ Hamilton，David K，David Y Miller，and Jerry Paytas, "Exploring the horizontal and vertical dimensions of the governing of metropolitan regions," *Urban Affairs Review* 40，no. 2 (2004)：147—82.

⑤ Bickers，Kenneth，and Robert Stein, "Interlocal cooperation and the distribution of federal grant awards. The Journal of Politics," 66，no. 3 (2004)：800—822.

⑥ Mullin Megan and Dorothy M Daley,. "Working with the state：Exploring interagency collaboration within a federalist system," *Journal of Public Administration Research and Theory* 20 (2009)：757—78.

⑦ Agranoff，Robert，and Michael McGuire, *Collaborative public management：New strategies for local governments* Washington，D. C.：Georgetown University Press，2003.

方进行有利于双方的谈判，如收入共享，以作为政府间吞并的替代选择①。相比地方政府间横向关系的制约作用，纵向的约束机制往往具有更加严厉的规则要求②。与州和联邦机构建立的垂直关系可以通过减少协作的不确定性来促进区域性政策制定和执行，以解决区域问题③。

（二）国内协作：纵向有余、横向不足

中国地方政府治理形态从行政区行政、区域行政到区域治理的转变，促使地方政府理论研究经历从传统行政管理转向区域公共管理，再到区域公共治理范式的"历史性嬗变"④，而政府行为及政府间关系始终贯穿于区域公共治理研究之中。

合作与竞争是横向地方政府关系的两种基本实践形态，诸多相关研究也是围绕着合作或者竞争展开的。长期以来，地方政府间的这种竞争关系是推动我国经济社会发展的强大动力，但过度且恶性的竞争会导致"零和博弈"甚至"两败俱伤"的产生。一方面，经济市场化压力和社会要素的跨行政区流动迫使各地方间进行利益整合，实现区域公共利益的最大化，这也是地方政府合作关系建立的基本前提假设；而另一方面，地方政府从"代理型政权经营者"到"谋利型政权经营者"的身份转向，使得地方政府所追求的利益最大化与区域共同利益最大化不是完全一致的⑤。随着近年实践发展和治理理念的深入，打破传统行政区行政模式的束缚，实现地方政府跨地域、跨层级、跨部门合作提供区域性公共产品或公共服务，已成为我国社会及学界的共识和追求。那么，如何协调区域府际合作治理中的利益不一致，通过什么样的治理工具或制度安排来减少外部效应带来的协作困境，是研究者力图解决的重要问题。

在中国自上而下的运行机制渗透到社会公共领域的各个方面。杨爱平认为当前我国区域地方政府合作⑥是一种纵向作用机制，上级政府主要通过目标设立、会议推动、政策灌输、组织建设、行政包干、政绩考核等方式强力地推动下级政府去完成区域整合的政治任务，而这种政治动员式的区域地方政府合作存在不少

①　Zeemering, Eric S, "Negotiation and noncooperation: Debating Michigan's conditional land transfer agreement," *State and Local Government Review* 40, no. 1 (2008): 1−11.

②　Andrew S A, Short J E, Jung K, et al, "Intergovernmental Cooperation in the Provision of Public Safety: Monitoring Mechanisms Embedded in Interlocal Agreements," *Public Administration Review* 75, no. 3 (2015): 401−410.

③　Mark Lubell, Mark Schneider, John Scholz, and Mihriye Mete, "Watershed partnerships and the emergence of collective action institutions," *American Journal of Political Science* 46, no. 1 (2002): 148−163.

④　陈瑞莲：《论区域公共管理研究的缘起与发展》，《政治学研究》2003年第4期。

⑤　张紧跟：《当代中国地方政府间关系：研究与反思》，《武汉大学学报（哲学社会科学版）》2009年第4期。

⑥　林尚立：《当代中国政治形态研究》，天津：天津人民出版社，2000，第271页。

制度性缺失，应从政治动员机制转向制度建设机制①。杨爱平在另一篇关于纵横向机制的文章中指出，以行政分权、财政分权和官员晋升博弈为三大杠杆的垂直激励机制利于政府间竞争，而不利于政府间合作，需要构建平行的利益激励机制②。而蔡岚通过对长株潭区域公交一体化政策制定过程的研究指出，地方政府合作需要来自行政体系内更高层的支持和推动，需要富有权威性和协调力的合作组织③。同样，邢华认为已有研究过于集中在对区域合作中横向政府关系的研究，这种新区域主义导向存在忽视纵向关系的倾向，不利于实现有效区域合作。区域合作面临的高昂交易成本呼唤纵向关系作用的正确发挥，将纵向机制与横向机制有机结合④。

通过对已有文献的总结分析，发现研究者们大多意识到我国当前区域公共问题的解决主要依靠纵向机制，但是这种仅靠纵向机制而缺乏地方政府自主协作机制难以有效解决区域面临的深层次问题⑤，且在中央政府强力推动下的区域行政模式因层级信息传递和决策的低效率而无法适应区域经济、社会快速变化的需求，没法解决区域协作中的根本性问题⑥，应建立横向的有效协调机制；但仍有学者认为横向机制因缺乏制度和法律保障而乏力，新区域主义理念的传入又使得纵向机制受到忽视，应加强其在区域合作中的运用。可见，目前学界并未就区域府际合作机制孰优孰劣达成一致意见。笔者认为，意见冲突产生的根源在于对区域府际合作实践的经验性把握不足，多数研究是基于感性认识或不充分的调研形成的规范性分析，鲜有深入的实证分析。

事实上，实践中地方政府并不能完全用一种关系替代另一种关系。相反，水平关系和垂直关系往往是交叉存在的。因此，我们不认为横向关系与纵向关系是相互排斥的，或者一种关系必然是另一种关系的直接替代品。如果将地方政府间互动形成的结构和相互关系视为不断演化的策略区域，那这种策略区域是在"科层阴影下"运行的⑦，其存在和行动主要取决于中央政府某种程度的支持或容许。尽管策略区域是通过自下而上或横向过程构建的，但出于政治、经济或社会

① 杨爱平：《从政治动员到制度建设：珠三角一体化中的政府创新》，《华南师范大学学报（社会科学版）》2011 年第 3 期。

② 杨爱平：《从垂直激励到平行激励：地方政府合作的利益激励机制创新》，《学术研究》2011 年第 5 期。

③ 蔡岚：《缓解地方政府间合作困境的路径研究——以长株潭公交一体化为例》，中山大学，2011 年。

④ 邢华：《我国区域合作治理困境与纵向嵌入式治理机制选择》，《政治学研究》2014 年第 5 期。

⑤ 刘亚平、刘琳琳：《中国区域政府合作的困境与展望》，《学术研究》2010 年第 12 期。

⑥ 张紧跟：《当代中国地方政府间关系：研究与反思》，《武汉大学学报：哲学社会科学版》2009 年第 4 期。

⑦ Fritz W, Scharpf, *Games Real Actors Play*：*Actor-Centered Institutionalism in Policy Research*，（Boulder，CO：Westview，1997）.

等方面利益的考虑，上层国家机构倾向于密切关注这些过程①。中央政府有各种各样的工具（如立法工具、财政工具）来鼓励或阻止战略区域的形成，包括促进和诱导地方政府间协作以产生规模经济、解决集体行动问题、协调公共服务生产和提供等的综合性机制②。

三、协作机制与工具选择

（一）国外协作机制与工具类型

协作机制的运行和实现有赖于相应的治理工具。西方国家在地方政府间协作实践中发展出了大量可供选择的治理工具，主要可分为三种。一是从事规划、投资和服务提供的区域性公共权威机构（Public Authorities）或次区域的单功能特区制度（Special Districts），这是大都市区的普遍制度特征；二是区域范围的自愿性政府咨询机构（Councils of Governments）和大都市区规划组织（Metropolitan Planning Organizations），主要作为公共问题的讨论场，并进行地区性数据搜集和研究；三是正式或非正式的地方政府间协作，以及不同于大都市政府和大都市治理的其他形式③④⑤。比较而言，区域范围的自愿性政府咨询机构和大都市区规划组织较公共权威机构承担较小的职能，主要是监督地方，并作为发放联邦资助的中间机构；其职员更少，且通常是临时性的，频繁地依赖其他地方政府的人事政策。与公共权威机构相比，绝大多数的特区政府在县域内开展业务，作为承担单一功能的实体存在。⑥ 沃曼认为这三种方式都存在缺陷，如单功能特别区扭曲了财政支出优先级，董事会轮换率低，区域性政府咨询机构缺乏征税权和提供公共服务的能力等，并指出英国哥伦比亚的"多功能特区"是美国大

① Gossas，Markus，*Kommunal samverkan och statlig nätverksstyrning*，doctoral dissertation，Institutet för framtidsstudie，2006.

② Scott W，Richard，"Unpacking institutional arguments," in *The new institutionalism in organizational analysis* eds. Walter W. Powel and Paul J. DiMaggio（Chicago：Univ. of Chicago Press，1991）：164－82.

③ Oakerson，Ronald，"The Study of Metropolitan Governance." in *Metropolitan Governance：Conflict，Competition，and Cooperation*，ed. Richard Feiock（Washington，DC：Georgetown Univ. Press，2004）：17－45.

④ Ostrom V，Tiebout C M，Warren R，"The Organization of Government in Metropolitan Areas：A Theoretical Inquiry," *American Political Science Review* 55，no. 4（1961）：831－842.

⑤ Parks R B，Oakerson R J，"Metropolitan Organization and Governance A Local Public Economy Approach," *Urban Affairs Review* 25，no. 1（1989）：18－29.

⑥ H V Savitch，Sarin Adhikari，"Fragmented Regionalism：Why Metropolitan America Continues to Splinter," *Urban Affairs Review* 53，no. 2（2016）.

都市区可以借鉴的一种有效治理方式①。

　　研究者也从不同维度对协作机制进行了类型学划分。戴维·沃克曾将美国地方政府在分散化政治结构下提供有效公共服务的方式，从易到难归纳为 17 种（非正式合作、地方政府间服务协议、共同权力协定、治外管辖权、区域委员会/政府联合会、联邦鼓励的单一目的区域机构、契约外包、州规划与发展区、地方特区、职能转移、兼并、区域性特区与管理局、大都市多功能特区、城市县、市县合并、双层制重建和三层制改革）②。协作的难易程度随着协作形式的正式性和协作内容的复杂性而变化。但其分类标准过于单一，且过多的工具种类不利于学理层面的分析。

　　一般来说，地方政府协作机制的光谱两端为松散的行政网络和明确设立的层级结构③。艾沃特等人从形式、利益和目的出发，对协作机制类型进行了三维划分④。但是该分类显得不够明确，且没能全面地囊括已有协作机制类型。在此基础上，布莱尔等人从组织关系正式程度、组织交换性质两个维度出发，将行政网络划分为互助（mutual aid）、共识（common understanding）、协议（agreements）、合同（contracts）四种机制，将共同组织划分为协会（association）、财团（consortiums）、联盟（federations）、合资企业（joint ventures）⑤⑥。

　　菲沃克从地方政府自主性程度出发，认为大都市区制定跨政府整合决策时有三种机制可供选择：统一管理机构、缔结契约或协定、网络嵌入⑦⑧。区域统一管理机构意味着由更高层级政府或其授权的第三方机构介入，以巩固权威并将制度性集体行动问题内部化，契约意味着碎片化政府在法律上将自身与共同行动连

　　① Harold Wolman，"Looking at Regional Governance Institutions in Other Countries as a Possible Model for U. S. Metropolitan Areas：An Examination of Multipurpose Regional Service Delivery Districts in British Columbia，". no. 4（2017）：1—34.

　　② David B Walker，"Snow White and the 17 Dwarfs：From metro cooperation to goveranance," *National Civic Review* 76，no. 1（1987）：14—28.

　　③ Mcguire M，"Inside the Matrix：Integrating the Paradigms of Intergovernmental and Network Management," *International Journal of Public Administration* 26，no. 12（2003）：1401—1422.

　　④ Baumann J P，Gulati R，Alter C，et al，"Organizations Working Together," *Administrative Science Quarterly* 39，*no*. 2（1994）：355.

　　⑤ Ackroyd Stephen，Ernest R Alexander，"How Organizations Act Together：Interorganizational Coordination In Theory And Practice" *Administrative Science Quarterly* 43，*no*. 1（1998）：217.

　　⑥ Blair Robert and Janousek Christian L，"Collaborative Mechanisms in Interlocal Cooperation：A Longitudinal Examination"，*State and Local Government Review* 45，no. 4（2013）：268—282.

　　⑦ Feiock R C，"Metropolitan Governance and Institutional Collective Action"，*Urban Affairs Review* 44，no. 3（2008）：356—377.

　　⑧ Feiock R C，"The Institutional Collective Action Framework," *Policy Studies Journal* 41，no. 3（2013）：397—425.

接起来，嵌入则是地方政府间通过社会、经济和政治关系网络来协调和执行活动，而不是正式权威。

第一，区域统一管理机构。当面对碎片化引起的集体行动问题时，高层级机构有通过改变地理或功能性辖区来内部化外部性问题的权威。比如，大都市区边界内合并地方政府单元，组成联合大都市区政府来内部化分散政府的外部性影响。美国大都市中的特别区和部分网络结构也依赖于上级权威机构的强制，将未被考虑的影响内化于一个广泛的地理区域，以实现特定功能。比如，各州通常授权特别区政府提供辖区几个政府单元的教育、水和消防等服务。有了授权或"设计"的网络，上级政府提供资金，并要求地方政府之间建立协作关系，或指派领导机构来管理和协调地方政府间组织①。然而，依赖上级权威来作为区域整合机制所产生的政治和行政成本，限制了其使用的范围。因为现有政府单元通常会因害怕失去其权威而抵制整合，即使生产效率的提高是可能的，也是以减少反映地方不同偏好服务提供能力为代价的。

第二，互助性协议。制定互助协议的形式可以非常灵活，涉及两个政府之间的双边协议，或者在其他情况下建立一个自愿组织，在一定程度上约束地方政府，但依赖于双方的同意，兼具正式性和自愿性。依托互助性协议签订的合同或区域组织都需要得到相关人员的同意，所以该机制在保留了地方政府自主权的同时，为解决各方关注的外部性问题提供了一种更正式的机制。在某种程度上，协议蕴含的法律约束能最大限度减少谈判和执行协议所涉及的交易成本。正如科斯指出的那样，合同可以解决许多不同的外部性问题②。

第三，网络嵌入。嵌入有赖于社会、经济和政治关系而非正式权威。相比一些正式方案，有赖于该机制的自组织政策网络更具潜在优势。通过在特定的困境中保持行动者的自主性，自治制度避免了从地方政府或专门机构撤销现有权威所涉及的不可避免的政治冲突。通过对所有成员提一致要求，当多数可能将某些规则强加给少数时，自组织制度能提高寻求相互有利的解决措施并减少冲突。通过确保地方决策的规则、程序和交换的足够灵活性，自组织制度可以制定这些规则，以最适合当地条件和特定 ICA 的情况。在某种程度上，自组织制度有助于地方社会资本积累，一类 ICA 问题的解决方案可以为该区域其他不相关的 ICA 问题解决提供基础。

非正式的政策网络结构是由制度参与者之间的互动而产生的，在正式结构中能够起到协调复杂决策的作用。尽管联邦和州政府项目能影响其发展，但是网络

---

① Provan K G，Kenis P，"Modes of Network Governance：Structure，Management，and Effectiveness"，*Journal of Public Administration Research & Theory* 18，no. 2 (2008)：229—252 (24).

② Coase R，"The problem of social cost"，*The Journal of Law and Economics* 3，no. 1 (1960)：1—44.

结构中的行动者保留完全的地方自治，不需要正式的权力。^① 同样，政策网络是中心权威机制或契约机制的有益补充。政治系统中的正式权威机构有赖于主体间的非正式的、自组织关系，以提高绩效和稳定性，并缓冲系统的需求变化。跨政策领域或同一政策领域的跨时性网络互动，有助于成员识别不容易背叛的伙伴，并建立减少交易成本的执行机构。也就是说，机构数量及其多样性以及它们之间的相互作用结成的"制度厚度"，会带来更加普遍的知识、灵活性、创新能力和信任，这些都是经济社会发展的支持性特征^②。

在以上三种根据地方政府自主性程度划分的机制基础上，增加制度范围维度（相关行动者数量和政策功能数量），便可构成 9 种常见的地方政府间协作机制的政策工具，包括区域性权威机构、政府咨询委员会、多层自组织系统、多功能特区、伙伴关系或多边地方政府间协议、工作小组、单目标特区、服务合同、非正式网络^③。

（二）国内协作机制与工具类型

我国区域地方政府间协作实践时长相对较短，协作深度也相对较浅，使得相应的治理工具类型并不多。汪建昌参考国外经验将其概括为行政区划调整、设立双层政府、区域政府联盟、特区政府、政府间协议等五类。他认为我国进行行政区划调整的成本巨大，而双层政府无疑又会增加本来数量就较多的政府层级，从而导致效率低下等问题。所以地方政府在面对多样化的治理工具时，往往选择区域联盟或行政协议，因为行政协议在兼具其他工具功能的同时，还在一定程度上避免了它们的弊端^④。菲沃克等人将制度性集体行动分析框架运用于中国地方政府间协作治理的研究中，认为中国地方政府间协作机制可分为非正式伙伴关系型、正式协作型和威权强加型三类^⑤。

在区域地方政府合作模式选择中，契约行政成为当前我国区域地方政府合作的首选，区域府际契约或行政协议成为开展区域契约行政的制度支撑^{⑥⑦}。府际契约（intergovernmental agreement/compact）是指为适应区域一体化发展的需

①　Schneider M，Scholz J，Lubell M，et al，"Building Consensual Institutions：Networks and the National Estuary Program"，*American Journal of Political Science* 47，no. 1（2003）：143—158.

②　Amin，Ash，and Nigel Thrift，"Globalization，institutional 'thickness' and the local economy"，in *Managing cities：The new urban context* eds. Patsy Healey，Stuart Cameron，Simon Davoudi，Stephen Graham，and Ali Madani-Pour（Chichester，UK：Wiley，1995）92—108.

③　关于各类机制的具体涵义，请参见 Feiock R C，"The Institutional Collective Action Framework"，*Policy Studies Journal* 41，no. 3（2013）：397—425.

④　汪建昌：《区域行政协议：概念、类型及其性质定位》，《华东经济管理》2012 年第 6 期。

⑤　Ruowen Shen，Richard C Feiock，Hongtao Yi，*China's Local Government Innovations in Inter-Local Collaboration*，Public Service Innovations in China，Springer Singapore，2017.

⑥　杨爱平：《区域合作中的府际契约：概念与分类》，《中国行政管理》2011 年第 6 期。

⑦　汪建昌：《区域行政协议：概念、类型及其性质定位》，《华东经济管理》2012 年第 6 期。

要，政府间或政府部门间为推进区域合作，按照平等自愿、优势互补、合作共赢的基本原则，以契约的形式达成的各种政府间合作文件①。行政协议或者叫府际协议、政府间协议，是指行政机关或行政机关的职能部门，为了提高行政权力的使用效率，提升行政管理的效果，或者为实现区域一体化，互相意见表示一致而达成的协议，它本质是一种对等性行政契约②。两位学者对此都进行了细致的概念梳理和辨析，有助于后续研究者在概念内涵和外延清晰的前提下使用。前者更多地从政府间关系视角对概念进行界定，而后者更多从法律制度角度定义③。王友云等人的研究表明，区域协议通过参与主体的重复动态博弈，积累了互信和共识，是推动区域政府合作的重要方式④。尽管如此受欢迎，但由于其不完全性，在运行中可能存在规范性欠缺、机制不健全、契约精神不足等问题⑤，其成因主要在于政府官员决策的有限理性、地方政府间机会主义行为、区域间合作制度不完备、广泛存在的交易费用、信息不对称、合作环境的不确定等。

国内研究者在解决区域性公共事务或公共问题、推进区域一体化策略上，多借鉴国外区域治理理论和实践经验建构本土化治理模式。如综合多种西方区域治理模式，提出构建多元复合的区域行政体制⑥；基于多中心治理理论，主张构建多元的区域公共协作关系和协作机制⑦⑧；基于欧美区域合作经验，从总体原则、结构要素、操作层面上提炼出泛长三角区域政府间合作的"7＋3"协调机制⑨；主张从新区域主义视角出发来解决当前区域公共问题，促进地方政府协作⑩⑪。运用整体性治理理论，建立大都市区地方政府间整体性合作组织及运转机制⑫。通过政治协调实现区域政府职能、经济发展和社会整合。从制度环境（推进一体化的法律制度建设、理顺政府间纵向关系、改革地方政府政绩考核机制、重塑地

① 胡炜光、杨爱平：《我国不完全府际契约的成因及有效实施路径》，《广东行政学院学报》2012 年第 1 期。

② 胡炜光、杨爱平：《我国不完全府际契约的成因及有效实施路径》，《广东行政学院学报》2012 年第 1 期。

③ 胡炜光、杨爱平：《我国不完全府际契约的成因及有效实施路径》，《广东行政学院学报》2012 年第 1 期。

④ 王友云、赵圣文：《区域合作背景下政府间协议的一个分析框架：集体行动中的博弈》，《北京理工大学学报（社会科学版）》2016 年第 3 期。

⑤ 汪建昌：《区域行政协议：理性选择、存在问题及其完善》，《经济体制改革》2012 年第 1 期。

⑥ 王川兰：《多元复合体制：区域行政实现的构想》，《社会科学》2006 年第 4 期。

⑦ 臧乃康：《多中心理论与长三角区域公共治理合作机制》，《中国行政管理》2006 年 5 期。

⑧ 李金龙、周宏骞、史文立：《多中心治理视角下的长株潭区域合作治理》，《经济地理》2008 年第 3 期。

⑨ 陈家海、王晓娟：《泛长三角区域合作中的政府间协调机制研究》，《上海经济研究》2008 年第 11 期。

⑩ 全永波：《基于新区域主义视角的区域合作治理探析》，《中国行政管理》2012 年第 4 期。

⑪ 耿云：《新区域主义视角下的京津冀都市圈治理结构研究》，《城市发展研究》2015 年第 8 期。

⑫ 崔晶：《大都市区跨界公共事务运行模式：府际协作与整合》，《改革》2011 年第 7 期。

方政府间竞争模式）、治理机制（构建多元化治理机制、从区域行政转向区域公共管理）、治理主体三方面来构建创新型的区域公共管理制度①。从主体关系视角出发，以利益协调为核心②，理顺政府、市场、社会三者关系，建立多层次合作机制，推进珠三角区域一体化。从系统运行角度，构建区域政府协调合作的动力机制、组织机制、约束机制和协调机制③。龙朝双等从动力机理的角度出发，分析了地方政府间合作的影响因素，并构建了合作的动力机制模型④。

综合来看，解决区域府际协作困境的对策研究主要从制度、政策和治理三个角度展开。在制度层面上，通过完善制度设计，理顺治理主体间关系、畅通合作机制，实现区域内相关资源的整合，从根本上消除政府合作困境。在政策层面上，实行区域政策一体化，强化区域内政策配合，各行政区根据区域统一标准和规范进行协调，打破区域公共事务政策的部门分割、属地分割状态，实现外部溢出效应的"内部化"，适当利用利益补偿等政策来增加地方政府间相互合作的动力、减少阻力。在治理层面上，研究者们对传统科层治理模式进行了批判，主张建立多元共治的网络治理格局，或建立不同层级不同形式的合作组织并赋予其适当的职责权力，推动协作问题的解决。

第三节 区域府际协作治理的影响因素

区域政府间协作是公共行政的传统议题，不少理论从不同角度对此进行了解释，诸如交易成本理论、资源依赖理论、委托代理理论、府际关系理论、治理理论等⑤。

从协作过程看，地方政府间协作治理包括发起和维持协作关系两个阶段⑥。协作各方需要交换一些有价值的东西，通常是特定的商品或服务、设备、人员、资金等资源⑦。而地方政府间的协作制度安排所起作用即是资源交换的媒介功能⑧。而只有当组织决定采取何种协作机制后，彼此的协作才会真正发生。地方官员发起协作活动一般是为了回应常见政策或服务问题，或者共同面对偶发需求

① 张紧跟：《区域公共管理制度创新分析：以珠江三角洲为例》，《政治学研究》2010 年第 3 期。
② 庄士成：《长三角区域合作中的利益格局失衡与利益平衡机制研究》，《当代财经》2010 年第 9 期。
③ 褚添有、马寅辉：《区域政府协调合作机制：一个概念性框架》，《中州学刊》2012 年第 5 期。
④ 龙朝双、王小增：《我国地方政府间合作动力机制研究》，《中国行政管理》2007 年第 6 期。
⑤ 郑文强，刘滢：《政府间合作研究的评述》，《公共行政评论》，2014 年第 6 期：第 107—128 页。
⑥ Agranoff Robert，"Inside Collaborative Networks：Ten Lessons for Public Managers," *Public Administration Review* 66 （2006）：56—65.
⑦ Ansell Chris, and Alison Gash，"Collaborative governance in theory and practice". *Journal of Public Administration Research and Theory* 18 （2008）：543—571.
⑧ Blair Robert and Janousek Christian L，"Collaborative Mechanisms in Interlocal Cooperation：A Longitudinal Examination," *State and Local Government Review*，45，no. 4 （2013）：268—282.

的出现。对于地方政府来说，发起协作的诱因有许多形式。大卫·瓦姆将其总结为财政压力、竞争压力、运行压力和政治压力，并且这种协作活动往往遭遇对抗性结构，以及社会的、过程的和领导力等方面的阻碍[1]。

纵观国内外学者的研究，本书认为区域地方政府间协作治理机制的影响因素可以归结为产品或服务特征、群体特征、经济因素、政治制度因素、网络结构因素等五个维度。下文的综述将主要围绕上述五个维度展开。

一、公共产品或服务属性

曼瑟·奥尔森有关集体行动理论的前提假设是个体的目标问题影响其回应方式。也就是说，问题性质或产品/服务属性很大程度上向地方政府行动者呈现出交易成本的问题，决定着地方政府间协作机制的选择范围[2]；且相关政府组织将解决问题作为共同目标，能提供"协作成果的聚焦效果"[3]。

菲沃克在其制度性集体行动理论中指出，当交易的资产专用性及服务质量难以确定和测量时，交易成本将会变得巨大。资产专用性表明对特定交易的持久投资使得相关资产无法再轻易重新部署到其他用途上，这是选择治理结构的核心。当双方共同对特定资产投资时，便产生了相互依赖关系。如果一项协议要求政府投资特定资产或其他长期承诺，可能会改变他们在面对未来协议破裂时的选择[4]。对具有拥堵倾向的有形资产，比如共用的中心图书馆或水处理设备，提供方和契约方都面临着风险。提供资产的一方必须比那些只是满足自身需求的一方投入更多，当其他参与者背弃合同后，就会使得提供方承受过高的成本。同时，如果对服务需求增加，提供产品的政府可能更倾向于终止地方政府间契约，以便更好地服务于本辖区公民。这就使得其他参与者被迫进行计划外的投资来开发自己的资产。测量困难增加了搜寻成本，并使得联合行动的协调变得困难。有效监管需要对结果进行量化或对服务提供者进行适当活动，但是计算或监督服务输出的数量或质量是困难和昂贵的[5]。对于具有无形产出或复杂生产过程的服务，建立合作协议则更加困难。

① Warm D，"Local Government Collaboration for a New Decade：Risk，Trust，and Effectiveness"，*State & Local Government Review* 43，no. 1（2011）：60—65.

② Blair Robert and Janousek Christian L. "Collaborative Mechanisms in Interlocal Cooperation：A Longitudinal Examination，" *State and Local Government Review* 45，no. 4（2013）：268—282.

③ Yu-Che Chen，Kurt Thurmaier，"Interlocal Agreements as Collaborations：An Empirical Investigation of Impetuses，Norms，and Success，" *American Review of Public Administration* 39，no. 5（2009）：536—552.

④ Frieden J A，"International Investment and Colonial Control：A New Interpretation". *International Organization* 48，no. 4（1994）：559—593.

⑤ 奥利弗·E·威廉姆森：《资本主义经济制度》，段毅才、王伟译. 商务印书馆，2002.

二、群体特征

由于本书研究的是地方政府间协作行为，因此群体主要指参与协作的地方政府构成的共同体。

按照交易成本理论，只有当合作收益超过交易成本时，协作才会产生。但有研究发现，即使交易成本高于收益，也会发生协作行为。菲沃克给出的解释是地方政府组成的共同体内部的同质性，包括人口统计特征、地理距离等特征，有助于减少因政治和经济力量不对称而导致的利益分配问题[1]。地方政府间经济和人口结构特征的同质性预示着潜在的共同利益和服务偏好。如果群体共同需要更大的规模经济则容易与相邻政府合作经济发展项目；城市规模非常重要，因小政府可以通过合作实现更大的规模经济；地方政府间的人口同质性能减少官员谈判时的代理成本；地方政府内部的同质性也可能增加合作的可能性，因为这意味着较少的联合抵抗或担心地方自主性和控制权的丧失。另一个重要的情境因素是地理位置。固定的地理边界要求相邻辖区间的重复互动，因此通过产生相互依赖来减少交易成本。事实上，拥有相同边界的政府不会陷入一次性囚徒困境；退出的不可能性意味着背叛合作将会受到报复。与同一行动者之间共同行动的可预期未来，限制着机会主义，这为各个政府致力于集体产品的供给提供了共同保障的机会。

然而，挪威的经验并不支持菲沃克等人的假设，即同质性和对称区域比异质性和非对称区域更容易发生地方政府间合作，并且结论显示更为重要的是参与协作的强势方如何界定其在区域治理中的角色和处理这种不对称性。安德森和皮埃尔认为异质性和非对称性可能更有助于区域协作[2]。作为一个区域"枢纽"的自治市，通常具备良好的条件来履行在合作伙伴中的"主持者"职责，因为与较小的城市相比，它拥有数量更大、更专业的员工，所以非对称性不是问题。从网络分析看，如果强势方利用其领导地位优势并控制策略区域，相邻自治市不太会加入其中，会面临治理失败的危险。"枢纽"往往拥有更多的与区域外关键行动者之间的网络联系，因此可以比其他小的参与者更能扮演"掮客"角色。另外，主持者更容易遭受到滥用职权的指控。所以异质性和非对称性对交易成本的影响是复杂的。

①　Feiock R C，"Rational Choice and Regional Governance"，*Journal of Urban Affairs* 29，no. 1 (2007)：47—63.

②　Andersen Ole Johan，Pierre Jon，"Exploring the Strategic Region：Rationality，Context，and Institutional Collective Action，"*Urban Affairs Review* 46，no. 2 (2010)：218—240.

三、经济因素

以菲沃克为代表的不少研究者认为，地方政府间协作动因是追求成本效率和规模经济[1]。通过协作和纠正负外部性溢出而产生的正外部性，被认为是集体行动的重要议题。伦德奎斯特发现，当市政府面临资源稀缺性和依赖问题时，需要对地方政府间伙伴关系进行规制，呈现出经济因素推动协作行为的相似逻辑[2]。索林布罗姆等人发现逐渐增加的财政压力、成本削减无能和对其他可替代提供结构的识别驱使地方政府与外部提供者订立契约。他们发现加州政府官员在面对大型资产启动成本时往往会选择与其他政府主体订立合同[3]。美国政府间关系咨询委员会 1985 年的调查发现大约有 52% 的城市政府曾经与其他地方政府单元签订过正式或非正式合同来提供特定的地方公共服务，而其中最多的理由是为实现规模经济、进行跨行政边界的组织、避免重复投资等。摩根等人对美国城市的 615 份政府间服务契约的研究发现，规模经济和服务的标准化是主要动机，但是没有发现财政压力是主要因素。他们还发现，无论是贫穷还是富裕地区都认为政府间契约是有吸引力的。当地方官员担心失去对服务项目的控制权力时，政府间契约订立的可能性会降低[4]。而巴特尔等人对内布拉斯加州 13 项不同的地方政府间协议的研究发现，财政压力是其合作的主要原因，他们通过府际协议来减少成本和提高服务质量[5]。

然而瑟梅尔等人发现行政人员更关注服务效果而非政府效率，且市、县管理者并不关注参与地方政府间协议（Interlocal Agreements，以下简称 ILAs）是否节约成本[6]。古萨斯对瑞士地方政府间伙伴关系的研究表明，成本效率和成本节约并不是伙伴关系形成的主要动因；相反，以经济发展为目标和满足国家服务质量标准的项目是政府间协作的主要议题。来自挪威"区域背景下的民主和治理"项目的调研数据发现，96% 的被试认为专业性服务的提供是创立伙伴关系极其重

① Feiock R C, "Rational Choice and Regional Governance," *Journal of Urban Affairs* 29, no. 1 (2007): 47－63.

② Lennart J, Lundqvist, "Local-to-Local Partnerships among Swedish Municipalities: Why and How Neighbours Join to Alleviate Resource Constraints," in *Partnerships in urban governance. European and American experiences*, ed. Jon PierrePalgrave, 1998, pp. 93－111.

③ Sonneblum S, Ries J, Kirlin J, *How cities provide services: An evaluation of alternative delivery structures*, Cambridge, MA: Ballinger, 1977.

④ David R Morgan, Michael W, Hirlinger. "Intergovernmental Service Contracts A Multivariate Explanation,". *Urban Affairs Review* 27, no. 27 (1991): 128－144.

⑤ Bartle J R, Swayze R, "Interlocal cooperation in Nebraska", Unpublished report prepared for the *Nebraska Mandates Management Initiative*, 1997.

⑥ Kurt Thurmaier, Curtis Wood, "Interlocal Agreements as Overlapping Social Networks: Picket-Fence Regionalism in Metropolitan Kansas City," *Public Administration Review* 62, no. 6 (2002): 585－598.

要的诱因①。

一些研究认为中心城市比郊区更愿意加入地方政府间协议中②③，其隐含假设是富裕郊区没有经济动机去寻求其他外部政府的帮助。而一些研究则反驳了地方政府财政压力与加入横向政府间活动范围之间存在正相关关系的假设。如米克等学者在研究洛杉矶地区的政府间活动时发现，其协作行为很少考虑辖区财政状况④。塞缪尔等对堪萨斯地区 6 个市—县政府的研究发现，政府官员往往基于建立互惠标准和信任而加入地方政府间协定，而非经济因素⑤。

四、政治制度因素

政府制度包括地方政府意识形态、地方政府的宪法地位、国家政治传统、选举制度、扩张势力和碎片势力的强度、种族和阶层、地方政府财税结构、地方政府自主性等塑造着地方政府官员的协作动机⑥。尤其是宪法、财政制度和政党政治因素交叠塑造着政府间关系和政府间管理的过程⑦。不同类型的政治制度对地方政府官员的协作行为具有不同程度的约束和激励作用。

在实行文官制度的国家，政务官和事务官在政治系统中具有不同的地位和作用，政治制度对其行为约束也具有差异。一般来说，政务官和事务官都在与其他地方政府建立协作关系中起着核心作用，但是其谈判资源和制度立场不同。城市职业经理人不同于民选官员，其追求的是雇佣机会，而不是政治权力，因而他们往往能实现公共产品或服务提供的效率优化⑧。地方政府中的专业管理人员追求

① Gossas，Markus， "Kommunal samverkan och statlig nätverksstyrning"，Örebro Studies in Political Science，Univ. of Orebro，2006.

② Agranoff R，McGuire M，"Collaborative public management：New strategies for local government"，Georgetown University Press，2003.

③ Zimmerman J F. "The metropolitan area problem," *Annals of the American Academy of Political and Social Science* 416 (1974a) 133－147.

④ Meek J W，Schildt K，Witt M，"Local government administration in a metropolitan context," *The future of local government administration：The Hansell symposium*，(2002)：145－153.

⑤ Kurt Thurmaier，Curtis Wood， "Interlocal Agreements as Overlapping Social Networks：Picket-Fence Regionalism in Metropolitan Kansas City," *Public Administration Review* 62，no. 5 (2002)：585－598.

⑥ Norris D F，"Prospects for Regional Governance Under the New Regionalism：Economic Imperatives Versus Political Impediments"，*Journal of Urban Affairs* 23，no. 5 (2001)：557－571.

⑦ Deil Wright，Carl Stenberg，Federalism， "*Intergovernmental Relations，and Intergovernmental Management：The Origins，Emergence，and Maturity of Three Concepts across Two Centuries of Organizing Power by Area and by Function* "，in，*Handbook of Public Administration Taylor Francis*，(2007)：407－481.

⑧ Frant H，"High-Powered and Low-Powered Incentives in the Public Sector"，*Journal of Public Administration Research and Theory* 6，no. 3 (1996)：365－381.

服务效率的提高与其个人动因和职业动机有关①。城市管理者想要晋升或者在更大的选区中获得管理职位，一般会寻求合作；而一般的公共部门雇员则会因为维持现有职位和责任的动机，拒绝同其他地方政府的合作②。有研究显示，在城市和区域两个层面上，城市经理人的专业地位和雇佣机会随着服务创新和促进效率方面的良好表现而得到提升③。另外，研究者在对堪萨斯城市群的研究中发现，专业行政人员的作用对于地方政府间协议具有重要作用④。

　　另外，不同类型官员对政治风险的态度也具有差异。他们的网络活动受到其管辖边界的限制，在寻找同其他参与者建立关系时，其网络关系常呈现出以自我为中心的特点⑤。按照菲沃克等人的观点，行动者之间互赖行动的潜在收益是激励参与制度性集体行动的重要因素，但是各行动者选择偏好的不确定性，对于这些行动者来说是有协作政治风险的⑥。行动者对风险的接受程度取决于不同动机。如积极参与区域性政府间协作，以此来表明其向更大范围选区提供服务的信誉，帮助自己进入更大的选区⑦。然而，区域协作治理的潜在困境在于行动者需要放弃部分权威或冒政治风险，才能同其他政府主体共享信息或协调行动。即使协作会产生联合收益，部分行动者可能也不愿意冒政治风险⑧。

　　由于制度环境和体制架构的不同，中国情境下影响区域政府协作的因素可归结为行政性分权、发展型地方主义、政治锦标赛、行政权力差序等。在周黎安提出解释行为模式的"晋升锦标赛"解释框架后，不少研究者运用博弈模型进行了实证检验⑨，发现以财政分权和政治晋升为特征的分权治理结构存在激励不相

---

①　Zhang Y，Feiock R C，"City managers' policy leadership in council-manager cities"，*Journal of Public Administration Research and Theory*，20，no. 2（2010）：461—476.

②　Leroux K，Brandenburger P W，Pandey S K，"Interlocal Service Cooperation in U. S. Cities：A Social Network Explanation"，*Public Administration Review* 70，no. 2（2010）：268—278.

③　Feiock R C. "Institutional Collective Action and Local Goverance"，Working Group on Interlocal Services Cooperation，（2005），pp. 1—31.

④　Kurt Thurmaier，Curtis Wood，"Interlocal Agreements as Overlapping Social Networks：Picket-Fence Regionalism in Metropolitan Kansas City"，*Public Administration Review* 62，no. 5（2002）：585—598.

⑤　Steinacker A，"The Use of Bargaining Games in Local Development Policy，" *Review of Policy Research* 19，no. 4（2002）：120—153.

⑥　Feiock R C，Lee I W，Park H J，et al，"Collaboration Networks Among Local Elected Officials：Information，Commitment，and Risk Aversion，" *Urban Affairs Review* 46，no. 2（2010）：241—262.

⑦　Mccabe B C，Feiock R C，Clingermayer J C，et al，"Turnover among City Managers：The Role of Political and Economic Change，". *Public Administration Review* 68，no. 2（2010）：380—386.

⑧　Gerber Elisabeth R，Clark C Gibson，"Balancing competing interests in American regional governance，" Program in American Democracy Speaker Series，Notre Dame University（2005）：31.

⑨　周黎安：《晋升博弈中政府官员的激励与合作——兼论我国地方保护主义和重复建设问题长期存在的原因》，《经济研究》2004 年第 6 期。

容，从而阻碍区域政府的协作行为①。刘名远等的研究结果表明市场经济发展是地方政府合作适应性调整的内在动力、地方财政收益变化的加油阀，区域间外部竞争则是压力来源，且这种调整行为是面对新经济增长格局下满足其政治晋升和地方经济利益最大化的一种理性选择②。王友云等利用集体行动合作博弈分析框架，透过政府间协议过程分析各地方政府的合作动机、激励、博弈效用和机制设计等问题，认为这种重复动态博弈，累积了各地方政府间的互信与共识，有利于形成信任基础，从而实现共赢的博弈均衡和区域公共治理现代化③。菲沃克等人对中国区域环境协作治理的研究发现，城市行政层级及协作者间的行政权力差序格局，对其在协作网络结构中的地位、话语权、协作伙伴选择和协作参与程度具有重要影响。

五、网络结构因素

西方社会网络思想起源于古典社会学家埃米尔·涂尔干（Emile Durkheim）的社会结构分析和功能主义。而社会网络作为一种理论视角，则始于 20 世纪二三十年代④。作为一个快速成长的交叉性学科，公共管理学也逐渐吸收了社会网络的相关理论和分析技术，用于政治参与、公共政策、公共资源治理和公共服务等领域的研究。

具体来说，两个地方单元间的契约制度构成一对二元关系，如果每个单元也加入其他地方政府的协议，那么他们都会与其他政府建立二元关系。综合起来，这些二元关系形成了一个宏观层面的区域治理结构，该结构包括一组处于社会网络中的行动者。理查德·菲沃克在构建其制度性集体行动理论时，将参与制度性集体行动的组织构成的关系网络作为影响协作机制选择的重要变量。也就是说，以往互动过程中形成的关系网络至关重要，在区域地方政府合作中扮演着重要角色⑤。区域中的各个地方政府作为社会网络中的个体，其能获得的机会和受到的限制受到社会—结构环境塑造。地方政府官员之间基于职位或者专业背景等连接组合成的各类正式或非正式组织，可能会更加有助于府际协作的形成。

处于协作网络中的行动者往往会基于先前经验以及对未来的期望而改变策

① 张少军、刘志彪：《我国分权治理下产业升级与区域协调发展研究——地方政府的激励不相容与选择偏好的模型分析》，《财经研究》2010 年第 12 期。

② 刘名远、李桢：《中国地方政府区域经济合作行为适应性调整实证研究》，《新疆社会科学（汉文版）》2014 年第 1 期。

③ 王友云、赵圣文：《区域合作背景下政府间协议的一个分析框架：集体行动中的博弈》，《北京理工大学学报（社会科学版）》2016 年第 3 期。

④ 康伟、陈茜、陈波：《公共管理研究领域中的社会网络分析》，《公共行政评论》2014 年第 6 期。

⑤ Leroux K，Brandenburger P W，Pandey S K，"Interlocal Service Cooperation in U. S. Cities：A Social Network Explanation"，*Public Administration Review* 70，no. 2（2010）.

略，当收益超过一次性互动的预期价值时，地方政府就会选择继续维持他们之间的关系。在不依赖中央权威的前提下，地方政府就期望产出结果、参与方责任、协议和实施期限进行技术性和策略方面的谈判。在这一过程中，通过多样化的正式或非正式的政府间重复性互动，将由不确定性和机会行为导致的信息损失减少到最小化，降低交易成本①；通过频繁互动和持续性交易形成的高密度网络，增进社会资本和互信②。随着时间推移，与其他地方政府的嵌入关系积累为区域性网络，从而对潜在合作伙伴的可靠性和能力进行声誉和信息互惠性的投资。更为细致的研究表明，这种关系网络对区域协作的影响会因个体在政治系统内的位置而不同，大都市政府行政人员间的社会网络更强大③。这与弗里德里克森的行政联接理论假设一致，即政府间伙伴关系和社会网络更容易收到城市专业管理人员的驱动，而非关注行政区内选举事务的民选官员驱动，因为前者更倾向于从区域角度思考、行动，并建立专业群体④。在实证方面，研究者也确实发现地方政府间协议的创立与行政人员的潜在社会网络之间存在强相关关系⑤。

近年来国内学者也开始关注到社会网络对于区域府际协作治理的影响。王惠娜在对深莞惠界河治理的政策网络分析中发现，上级政府或区域组织是合作网络中的网络掮客，连结、协调不同行动者，并对地方横向合作实施"软科层"约束，使得横向区域合作嵌套在纵向科层中⑥。锁利铭教授的区域合作治理研究团队利用制度性集体行动分析框架（ICA），借助社会网络分析方法，对泛珠三角地区、成都平原经济合作区的政府主体在区域性公共事务方面的合作行为和关系结构等进行了深入研究，取得了较为丰硕的研究成果⑦⑧⑨。孙涛等利用 SNA 方

①　*Feiock R C.* "Institutional Collective Action and Local Goverance," Working Group on Interlocal Services Cooperation（2005），pp. 1—31.

②　Feiock R C, "Rational Choice and Regional Governance", *Journal of Urban Affairs* 29, no. 1（2007）：47—63.

③　*Kurt Thurmaier，Curtis Wood*, "Interlocal Agreements as Overlapping Social Networks: Picket-Fence Regionalism in Metropolitan Kansas City", *Public Administration Review* 62, no. 5（2002）：585—598.

④　Frederickson H G, "The Repositioning of American Public Administration," J*ournal of China National School of Administration* 32, no. 4（1999）：701—711.

⑤　与⑤同。

⑥　王惠娜：《区域合作困境及其缓解途径——以深莞惠界河治理为例》，《中国行政管理》2014 年第 1 期。

⑦　马捷、锁利铭、陈斌，《从合作到区域合作网络：结构、路径与演进——来自"9+2"合作区 191 项府际协议的网络分析》，《中国软科学》2014 年第 12 期。

⑧　锁利铭、马捷：《"公众参与"与我国区域水资源网络治理创新》，《西南民族大学学报（人文社科版）》2014 年第 6 期。

⑨　锁利铭、张朱峰：《科技创新、府际协议与合作区地方政府间合作——基于成都平原经济区的案例研究》，《上海交通大学学报（哲学社会科学版）》2016 年第 4 期。

法对区域环境治理中府际协作网络的基本演化形式、结构属性和内部特征进行了分析①。但由于资料获取难度等因素，国内对于官员个体间关系网络对府际协作模式影响的实证研究基本上处于空白阶段。然而，有学者提醒不要过分夸大合作历史的作用，核心参与者由于任期的原因而容易变化，因此必须将政治制度对行动者结构变动的影响纳入分析②。

第四节　现有研究不足与进一步研究空间

本书通过对国内外区域府际协作治理研究的梳理与归纳，试图发现当前相关研究的路径与方法。

一、境内外研究评述

在国外府际协作治理盛行地区，地方政府大多存碎片化和自主性的显著特征。碎片化产生了协作的必要性，自主性提供了自由选择协作形式、协作伙伴的权力。基于地方碎片化的治理结构和地方自治权的现实基础及由此展开的协作实践，为理论建构和发展提供了良好契机。

综合来说，得益于治理理论、协作理论等研究的奠基，以及交叉学科的融合和新近研究方法的发展，国外研究基本构建了政府间协作治理的研究领域。从学理推演到实践关注，从外观研究到内核探求，国外学界对于协作治理的研究和理解是立体而丰满的。从研究整体看，国外研究已取得了阶段性成果，但仍有不少研究假设尚待验证，理论模型需要进行修改和拓展，但基本形成了较为完整的理论体系。但在地方政府协作行为机制影响因素的实证研究中，很多变量与地方政府协作机制之间关系的并不十分明确，甚至可能出现研究结论相互矛盾的情况。本书认为可能存在以下几方面的原因：一是解释变量测量的差异，不同研究在对变量进行操作化时产生的不一致，导致研究结论可能不同；二是所选样本的地区差异性，即使在同一制度环境下，不同地区发展的历史轨迹和文化氛围差异，会导致同一变量测量时的不同结果；另外，不同国家制度环境下的政府行为之间本身就存在差异，得出来的结论很有可能相互冲突。从另一方面也说明不同制度环境下的对比研究是当前府际协作治理研究亟待拓展的领域。

这些研究系统阐述了发达国家（地区）地方政府间协作治理机制的内在架构

① 孙涛、温雪梅：《动态演化视角下区域环境治理的府际合作网络研究——以京津冀为例》，《中国行政管理》2018 年第 5 期。

② Andersen Ole Johan，Pierre Jon，"Exploring the Strategic Region：Rationality，Context，and Institutional Collective Action，" *Urban Affairs Review*，46，no. 2（2010）.

及其与外部环境的关联，为国内研究提供了的理论视角，还为如何认识中国地方政府解决区域性公共事务的机制提供了很强的方法论指导。但是应该看到，国外尤其是主要发达国家（地区）的政府层级少，各地方政府之间不存在明显的隶属关系，具有很强的自治权，因此各地方政府更多是以平等的姿态参与区域性协作治理。这使得相关研究更多是提取各地方政府的共有变量作为理论建构和实证研究的主要内容。尤为重要的一点是，国外研究往往将政治制度作为一个外生变量来讨论，且聚焦于官僚和民选官员对协作的不同态度上，这就大大淡化了对国家政治制度、权力结构等因素对协作机制选择和运行影响的关注，而这恰恰是中国地方政府运行过程中极为重要的影响因素。所以，国外区域府际协作治理的制度环境与国内存在差异，因此，在引入相关理论模型进行研究分析时，需要认真识别各类内外生变量及其在不同制度下的影响关系。

纵观近年来国内对区域府际协作治理的研究发现，对这一问题的关注度总体上呈上升趋势。这一趋势与经济集群式发展不无关系，尤其是我国几大城市群的逐渐成熟及新兴城市群的不断发展，使得跨辖区的公共事务成为地方政府间协作的主要议题。有关区域协作研究的热点也随着不同时期区域协作问题而变化，表明了学界对区域发展现实的关切和理论需求的积极回应。

但是应该看到，多数研究囿于研究者对所在区域情况的了解，且主要集中在长三角、珠三角、京津冀、武汉都市经济圈等区域。据统计，研究国内特定区域协作治理的文献数量占总体文献数量的 53%，协作性区域治理研究主要作者区域分布统计显示，京津冀占 25%、长三角占 22%、珠三角占 9%，泛珠三角占 17%，其他地区占 27%[①]。不可否认，这些研究增进了我们对区域地方政府间协作的知识，但缺乏对全国性区域协作治理实践的总体把握，且存在研究内容的泛化和同质化倾向。通过梳理相关文献发现，大量区域协作治理研究主要以现实问题为导向，讨论常常围绕具体区域地方政府协作中存在的困境及解决方案，其理论基础也是博采众长，吸收政治学、经济学、社会学、城市地理学等方面的理论知识，交叉性视角有助于更全面地认识研究问题的性质。

另外，尽管区域治理领域的研究方法逐渐丰富起来，如质性分析法、社会网络分析法等，但国内仍以传统的规范研究为主，定性研究和定量研究之间并未达到有效平衡和相互促进的状态。如杨志云、毛寿龙指出的那样，国内学者基于区域政府间协作的迫切现实需求，满足于"政策咨询师"的角色[②]。大量研究者通

① 锁利铭、阚艳秋、涂易梅：《从"府际合作"走向"制度性集体行动"：协作性区域治理的研究述评》，《公共管理与政策评论》2018 年第 3 期。
② 杨志云、毛寿龙：《制度环境、激励约束与区域政府间合作——京津冀协同发展的个案追踪》，《国家行政学院学报》2017 年第 2 期。

过对区域协作治理实践的观察和经验归纳来讨论区域治理困境及其解决方案，更多地停留在规范性研究和"功能性"分析层面，缺乏数据和田野资料的支撑，对中国情景中府际协作的作用机理和实证研究还有待进一步深入。

二、进一步研究空间

我国处于经济社会的深度转型期，地方政府职责边界等相关要素势必随之发生变化，如何理解复杂政治制度下的地方政府间协作关系及行为，认识协作机制的运行规律，以及如何依据这些规律进行政策调整，理论界尚未作出及时、深入的回应。综合前述分析，本书总结出该领域可进一步研究的空间：

第一，多数关于区域府际协作治理的研究没有跳出传统政治学范畴下府际关系的理论路径。他们往往将竞争与合作作为一组相对概念进行研究，认为区域协作治理必须打破竞争，二者是非此即彼的逻辑关系。而实践中，地方政府则将竞争与合作作为两种互补的战略加以使用。当政府组织面对稀缺资源时，并不必然采取竞争战略，也可能实施合作战略，以共同开发或使用稀缺资源，而具体采用何种策略行为在某种程度上取决于双方相互间已有的关系，以及据以积累的社会资本与信任程度等①。所以，走出对竞争与合作相对关系②的关注，转而描述区域府际协作治理行为和现实关系，有助于改变已有研究所描述和呈现的对立状态，并推进形成更具解释力的理论。这也是本书致力的方向。

第二，理性经济人假设存在解释限度。一直以来，政治科学领域中，理性选择理论和制度分析法之间存在着经典区别。然而，在研究地方政府服务提供的情境下，布朗等人发现两种理论方法在解释服务生产决策时互为补充，指出"制度理论是交易成本理论的一个有力而有用的补充。一个完全基于纯粹理性甚至有限理性的框架，如果没有从制度理论中得到的补充，是不完整的"③。国内已有研究主要基于理性经济人假设，从个体行动逻辑推演到集体行动逻辑，作为分析判定区域协作治理中政府主体行为的普遍理论依据，重点关注地方政府间博弈与竞合关系，以一种"原子式的个体视角"出发。无疑，基于理性经济人假设的大量研究成果对我们认识区域协作治理中政府主体行为具有重要价值，而亦如格兰诺维特在探讨企业集团何以成立时所言，除了分析企业结盟动机或存在原因之

---

① Feiock, Richard C, "Institutional Collective Action and Local Goverance," Working Group on Interlocal Services Cooperation (2005), pp. 1—31.

② 锁利铭、阙艳秋、涂易梅：《从"府际合作"走向"制度性集体行动"：协作性区域治理的研究述评》，《公共管理与政策评论》2018 年第 3 期。

③ Trevor L. Brown, Matthew Potoski, "Transaction Costs and Institutional Explanations for Government Service Production Decisions," *Journal of Public Administration Research and Theory*, 13, no. 4 (2003): 442.

外，还应进一步探究结盟何以成为可能，只有把"如何"和动机的问题一并考虑，才会产生令人满意的成果。要探究区域府际协作治理模式"如何"形成，则需要将政府组织行动、（网络）结构和（制度）背景相结合，而不是将个体行动从网络结构和制度背景中剥离出来，因为三者是相互作用和共同变迁的①。

---

①　马克·格兰诺维特：《镶嵌：社会网与经济行动》，罗家德等译，社会科学文献出版社，2015，第 182 页。

第三章　理论与研究假设

第一节　理论基础

一、政府间关系理论

严格来说，府际关系包括政府职能部门之间的纵横关系，作为一级政权的中央与地方、地方与地方之间的纵横关系两种。[①] 本书主要从后面一种意义上来探讨。

国家治理语境下的府际关系可分为宪政、行政和管理三个层面。宪政层面的府际关系的核心内容是权力结构配置、集中分散程度以及自由裁量的权限与范围，在法律上形塑一国基本的制度与治理框架。我国宪法规定，中央和地方的国家机构职权划分，遵循在中央的统一领导下，充分发挥地方的主动性、积极性的原则。行政层面的议题涉及如何实现区域与功能分工。在我国，行政区划先是作为综合各种因素后的地理概念，其次体现了行政等级，最后体现在本地区的定位、功能和具有的权限上。一般来说，作为行政管理基本单元的行政区划，负责本辖区内的经济、人口、公共服务、治安等。管理层面的府际关系的主要内容是公共政策的制定和执行。如果说宪政和行政层面的府际关系是一种结构性视角，那么管理层面的府际关系则是一种过程性视角，体现了政策制定与执行的多元利益的结合，政策自上而下扩散过程中发生的扭曲和偏差[②]。

本书研究的区域地方政府间协作治理，首先，是作为一种关系网络嵌入在国家基本制度结构当中的，国家基本制度结构及其塑造下的政府运行逻辑是政府间协作行为的制度环境。区域府际协作可以是自发的，也可以是外生的。而无论何种，都涉及纵向关系问题，即上级权威对下级协作行为的授权或介入。另外，从国家权力和政府体制的关系看，党和政府相互嵌入是中国政治的独特结构和生态，使得区域府际协作呈现出高度动态和复杂的特征。其次，基于区域性公共事务协作产生的府际关系是一个发展的概念，始于社会主义市场经济确立后社会建

---

① 林尚立：《重构府际关系与国家治理》，《探索与争鸣》2011 年第 1 期。
② 边晓慧、张成福：《府际关系与国家治理：功能、模型与改革思路》，《中国行政管理》2016 年第 5 期。

设要求政府满足庞大的公共服务需求，即府际关系须"为实现国家提供公共服务的均等化和地方提供公共服务的具体化的有机统一提供条件和可能"①。这种需求不仅限于行政区划内，还可能是跨行政辖区的。因为市场的力量深刻改变着资源要素在国土空间中的流动与聚集方式，冲破了既有行政区划的鸿沟，缩短了地区间信息和交通距离，不断挑战着以往人为划分的地方政府体系。最后，区域环境治理的府际协作多为中央"高位推动"的产物，也就是前述的外生性协作，而地方政府具有自利倾向，容易产生协作过程中的博弈行为。

基于上述分析，本书将运用该理论，将中国区域环境治理中的府际协作放在基本政治制度结构、府际关系的重构及管理等维度进行细致描述，并在理论提炼部分进一步呈现府际协作嵌入的复杂关系特征。

二、社会网络理论

一般认为，社会网络的研究始于 20 世纪二三十年代的人类学领域，并在 20 世纪后半叶得到迅速发展。在 20 世纪 70 年代，社会网络研究已发展成拥有自己学术刊物和一大批研究者的社会学分支领域。同时期，蒂驰等②将社会网络分析（Social Network Analysis，SNA）引入管理学研究后，从社会网络角度研究组织与管理问题，成为不同于传统个人主义和原子解释论的新的研究范式。简单来说，社会网络是指社会行动者及其关系的集合。一个社会网络是由多个节点（社会行动者）和各点之间的连线（行动者之间的关系）组成的集合。作为节点的行动者可以是个人、群体、组织和国家等；行动者之间的关系可以是个体之间的关系、组织与个体的关系或组织间的关系。

社会网络理论的基本内容包括网络结构观、弱关系与"嵌入性"理论、结构洞理论、社会资本理论等。网络结构观将行动者之间的关系看成一种客观存在的社会结构，其从个体和其他主体的关系来认识个体在社会中的位置。如格兰诺维特（Granovetter）在"嵌入性"理论的论述中指出，社会网络结构对于人类经济行为有制约作用。嵌入的网络机制是信任，一般发生于相识者之间，隐含着强连接的重要作用。而格兰诺维特在《弱关系的力量》一文中提出了著名的弱关系力量假设，首次提出"关系力量"的概念，根据互动频率、感情力量、亲密程度以及互惠交换等 4 个维度将关系划分为"强关系"和"弱关系"，认为弱关系（异质性）能充当信息的桥梁③。有学者基于此认为弱关系假设与"嵌入性"概念之

①　林尚立：《重构府际关系与国家治理》，《探索与争鸣》2011 年第 1 期，第 35 页。
②　Tichy N M, Tushman M L, Fombrun C, "Social Network Analysis for Organizations,". *Academy of Management Review*, 4, no. 4 (1979): 507—519.
③　Granovetter, Mark S. "Getting a Job: A Study in Contacts and Careers," *University of Chicago Press, Chicago*, 1994.

间存在矛盾。事实上，弱关系强调的是信息获取的能力，而嵌入性则是强调交换关系中信任机制的重要性，二者关注的重点不同。值得注意，不同文化背景下关系强弱所产生的作用是不一致的。

在格兰诺维特"弱关系"假设和"嵌入性"观点的基础上，林南提出了社会资源理论，用来解释个体如何利用社会网络关系来获得社会资源和提高社会地位。他认为关系联系的是处于不同地位的阶层，无论关系强弱，人本身的社会地位决定关系能获取的资源数量和质量。所谓社会资源，就是嵌入个人社会网络中的资源，是个人通过直接或间接的社会关系获取的，可以更好地满足自身生存和发展的需要。林南提出的"社会资源"概念与后来发展的"社会资本"概念已无多大差异。

伯特在1992年的《结构洞：竞争的社会机构》一书中指出，社会网络中的某个或某些个体与有些个体发生直接联系，但是与其他个体不发生直接联系、无直接联系或关系中断的现象，从网络整体来看好像网络结构中出现了洞穴，因而被称作"结构洞"[1]。利用该理论，伯特认为，关系强弱与社会资源、社会资本的数量没有必然的联系，但是资源优势和关系又构成了行动者的总体竞争优势。

本书在使用社会网络理论时，主要将一级政府、政府部门、处于特定职位的政府官员当做网络中的个体进行分析，并使用该理论中的相关概念和思想对协作行为和网络结构进行刻画和阐释。

第二节 理论框架与研究假设

地方政府在区域协作治理中的行为特征及其动力机制是理解新时期地方政府治理转向的重要切入点，也是需要公共管理研究深入的热点和难点。国内以往府际关系和区域治理的部分研究对此有所涉及，它们抑或从权力关系角度进行规范性解释，抑或从博弈角度将地方政府间竞争、合作视作对立面进行研究。但是缺乏基于大量数据的对地方政府协作行为本身特征及其规律的研究。

近年国外有关区域政府协作治理的理论研究取得了重要进展，其中以理查德·菲沃克在大都市区域治理研究中提出的制度性集体行动（ICA）分析框架为重要代表，见图3-1。该理论框架将理性选择理论与制度分析两种理路联系起来理解公共服务生产决策，弥补了政治科学领域中长期存在的由于二者分释而难以完整解释地方政府服务提供行为的研究空白[2]，正如布朗等所说，"制度理论是交易成本理论的一个有力而有用的补充。一个完全基于纯粹理性，甚至有限理性

---

① 罗纳德·伯特：《结构洞：竞争的社会结构》，上海人民出版社，2008。

② Jered B Carr，Kelly LeRoux，"Manoj Shrestha. Institutional Ties，Transaction Costs，and External Service Production，"*Urban Affairs Review* 44，no. 3（2009）：403—427.

的框架，如果没有从制度理论中得到的补充，是不完整的"①。在 Feiock 影响下，易洪涛等基于中国情境，对该框架进行了修改以分析中国区域环境治理中的制度性集体行动，具有一定解释力②。然而，正如上部分文献综述中所谈到的，该理论框架是基于西方发达国家情境而提炼开发的，而其重要前提之一是地方政府"碎片化"现象十分突出，彼此之间不存在明显的行政隶属关系，均具有较强的自治权，以平等姿态参与区域性公共事务的协作治理。另外，交易成本的经济学理路在分析区域府际协作过程中的政府行为时表现出一定程度的不适用。

府际协作治理的本质是通过建立政府间协作关系来克服碎片化困境，实现治理目标。那么，其依赖的主体就是互动协作的地方政府，载体是互动主体间形成的关系和结构。而地方政府间的关系结构又内嵌于国家政治制度之中，换句话说，即国家治理的制度逻辑深刻影响和塑造着地方政府间的关系结构。因此，该理论在解释中国地方政府面对区域性公共事务的制度性集体行动时具有一定局限性。

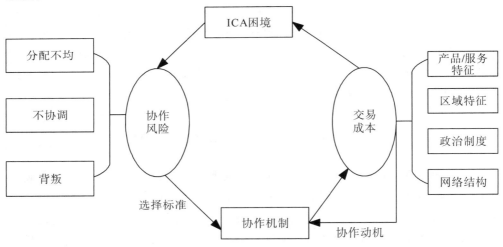

图 3-1　制度性集体行动（ICA）分析框架图③

"知识生产中的先占原则，使得西方学界在政治学研究领域获得了某些定义权"④，这一判断适用于中国社会科学的其他领域。因此，吸收借鉴西方的有益

①　Trevor L. Brown，Matthew Potoski，"Transaction Costs and Institutional Explanations for Government Service Production Decisions," *Journal of Public Administration Research and Theory* 13，no. 4（2003）：441—468.

②　Yi H，Suo L，Shen R，et al，"Regional Governance and Institutional Collective Action for Environmental Sustainability," *Public Administration Review*，no. 3（2017）：556—566.

③　作者根据 Richard C. Feiock 的相关研究整理绘制。

④　徐勇：《用中国事实定义中国政治——基于"横向竞争与纵向整合"的分析框架》，《河南社会科学》2018 年第 3 期。

理论观点和学术成果，根据中国事实对中国政府区域协作治理的结构、过程等运行机制及规律等进行自定义，有助于区域公共管理研究领域的知识增量，真正还原并理解世界范围内政治制度及政府运行规律的多样性。

　　本书结合前人理论与实证研究成果，尝试将制度分析和网络分析结合，提出理解中国区域治理中府际协作的分析框架，如图 3-2 所示。区域府际协作治理的逻辑起点是跨界性公共物品/服务需求的产生，因而问题性质在很大程度上决定了协作边界、协作规模、可选择的协作机制等。由于区域公共物品的跨界性，地方政府的行为选择会受到自身需求、资源禀赋，对潜在协作个体和群体特征的评估结果，嵌入的制度安排和关系网络的影响，进而形成不同的协作机制；反过来，协作机制一旦形成，便可能推动关系网络的演化和制度变迁。

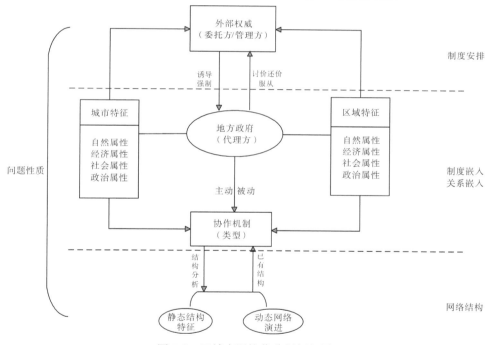

图 3-2　区域府际协作分析框架图

一、制度嵌入与协作机制

（一）国家权力和官僚体制

　　国家治理的制度逻辑深刻地限制了制度创新空间。在区域府际协作治理中，则体现为国家权力对地方政府间协作机制的塑造作用，或者说是国家制度对其协作行为和关系的嵌入，使得地方政府间协作关系呈现出更为丰富的、层次多样的结构特征。大量关于国家治理过程的研究对国家（本书在"国家政权"的意

义上使用"国家"概念）权力与官僚体制并不加以区分，认为官僚体制实质是国家权力的理性工具，将二者视为一体化组织加以讨论[1][2]。但无论从实践过程，还是理论分析的角度看，都应当将国家权力与官僚组织区分开来。

（二）组织层级和权力配置

按照韦伯（1946）的观点，法定权力是现代行政组织体系的基础。现代政府作为公共系统，内在职责之一就是进行社会管理，向社会提供公共服务，这也是其合法性重要来源。因此，面对区域性公共问题或公共事务的出现，需要重新组织政府系统中各单元，以实现治理目标。

中央权威与地方权力间关系是国家治理模式的主线之一[3]。地方政府权力来源于上级人民政府的授权，上下级之间更多地呈现为一种委托—代理关系。中央政府拥有行政统辖、规划的权力，即使地方政府拥有讨价还价的权力，但中央政府仍然拥有最后的决定权和支配权[4]。出于政治制衡、管理成本和效率的考虑，中央政府将大量社会公共事务委托给地方政府，地方政府之间往往按地域（属地）原则进行分工管理。当公共问题或公共事务超出单个地方政府管辖边界时，就需要上级政府（更多情况下是中央权威）来填补出现的管理真空，或直接成立专门组织（正式或非正式）来提供相关公共服务，或要求相关地方政府协作行动，予其以治理权力。

一般来说，参与府际协作治理的行动者是在某一属地范围内具有特定管辖权的地方政府，而区域公共事务的跨界性产生的协调需求和治理权力的认可需要，使得纵向的上级部门介入到地方政府间协作治理中来，呈现出横向网络与纵向网络交织的复杂结构。也就是说，地方政府间协作关系体现着中央权威与地方权力之间的互动关系。因此，理解协作治理网络中的权威关系及其相对应的不同治理机制是本研究分析的主要内容之一。

近年来不少研究在一定程度上打破了中国政府运作过程的黑箱，从不同角度为我们勾勒出政府微观行为和过程机制。例如，有关政策制定与政策执行之间矛盾冲突的研究，显示了国家意图实施过程中政府自上而下的运作方式[5][6][7][8]，

① 冯仕政：《中国国家运动的形成与变异：基于政体的整体性解释》，《开放时代》2011年第1期。
② 渠敬东、周飞舟、应星：《从总体支配到技术治理——基于中国30年改革经验的社会学分析》，《中国社会科学》2009年第6期。
③ 周雪光：《中国国家治理的制度逻辑——一个组织学研究》，生活·读书·新知三联书店，2017，第13页。
④ 周雪光：《中国国家治理的制度逻辑——一个组织学研究》，生活·读书·新知三联书店，2017，第90—95页。
⑤ 杨雪冬：《压力型体制：一个概念的简明史》，《社会科学》2012年第11期。
⑥ 冉冉：《"压力型体制"下的政治激励与地方环境治理》，《经济社会体制比较》2013年第3期。
⑦ 荣敬本：《"压力型体制"研究的回顾》，《经济社会体制比较》2013年第6期。
⑧ 周黎安：《行政发包制：一种混合治理形态》，《文化纵横》2015年第1期。

"基层共谋"又展示了地方政府在应对上级政策压力时的行为特点①②，周黎安提出"晋升锦标赛"理论用来解释地方政府行为背后的激励机制。近年，周雪光教授等人基于经济学组织理论中有关不完全契约和新产权理论提出了控制权理论的分析框架，用于分析政府内部权威关系③。将政府科层组织分为委托方（中央政府）、管理方（省、市、县）和代理方（乡镇、街道）三个层次，其中中央政府（委托方）拥有政策制定和组织设计的最终权威，包括激励设置、绩效评估等权力；而基层政府（代理方）如乡镇政府、街道办、职能部门有责任执行和落实自上而下的指令和政策。作者将控制权分为目标设定权、检查验收权和激励分配权，而控制权分配的不同，使得各层级政府间关系和治理模式发生变化④。基于研究问题，本研究试图引入周雪光等提出的"控制权"理论框架，用于分析区域府际协作治理网络结构中的权威关系及对应的治理模式和行为类型⑤。

在我国行政分权的制度结构下，各级地方政府被授意代表中央政府对辖区进行管理和提供公共服务，跨辖区边界的治理及彼此间的协作行为需要得到上级人民政府的认可，即赋予其权力来源的合法性。而区域性公共问题或公共事务是府际协作治理研究的起点，问题性质或者公共物品/服务特性在很大程度上决定了适宜采用的治理模式。区域性公共物品/服务可分为发展型（如区域公共服务一体化、基础公共服务设施建设等）、抑制型（如大气、水资源保护等），与此同时，不同类型公共产品/服务的特征决定了地方政府参与协作的意愿和协作程度，以及上级政府的介入程度。长期以来的以 GDP 为核心的考核指标体系，造成地方政府偏向于发展型协作，而其协作行为往往只需要获得上级政府的批准即可；而地方政府常常不愿就抑制型公共物品/服务内容进行协作，这时就需要上级政府进行压力传导，迫使地方政府执行协作任务、完成协作内容。

本书讨论的"区域地方政府间协作"主体为城市层面的政府，协作的实际参与者主要为市或县。从表 3-1 可见，区域府际协作的主体由省级及以下的行政层级相同或不同的政府单位组成（矩阵中打"√"的组合）。例如，京津冀地区环境协作治理中，治理主体为北京市、天津市及河北省的部分市（县），但是由于

① 周雪光：《基层政府间的"共谋现象"——一个政府行为的制度逻辑》，《社会学研究》2008 年第 6 期。

② 艾云：《上下级政府间"考核检查"与"应对"过程的组织学分析——以 A 县"计划生育"年终考核为例》，《社会》2011 年第 3 期。

③ 不完全契约（GHM）理论是由格罗斯曼、哈特（Grossman & Hart，1986）、哈特和莫尔（Hart & Moore，1990）等共同创立的，该理论以契约的不完全性为研究起点，以财产权或（剩余）控制权的最佳配置为研究目的，其核心观点之一是"资产的所有权结构对谈判结果以及激励机制有着重要影响"（Holmstrom & Roberts，1998：79）。

④ 周雪光：《中国国家治理的制度逻辑——一个组织学研究》，北京：生活·读书·新知三联书店，2017，第 90—95 页。

⑤ 周雪光、练宏：《中国政府的治理模式：一个"控制权"理论》，《社会学研究》2012 第 5 期。

中央政府的介入和协作单位的行政级差问题，使得整个协作结构还会涉及中央政府与京津冀三省（市）政府、中央政府与河北参与协作的各市政府、京津两直辖市政府与河北省政府。

表 3-1 区域府际协作关系矩阵

	中央	省/市	市/县
中央		×	×
省/市	×	√	√
市/县	×	√	√

在此区域府际协作权威关系的分析模型中（如图 3-3 所示），委托方、管理方和代理方所对应的行政层级并非固定不变。在涉及中央政府时，中央政府一般为委托方；而省（市）级政府既可以是委托方，也可以是管理方，视其拥有的控制权维度而定；市（县）级政府则为代理方，即实际的协作任务执行者。如若区域府际协作发生在省域内城市之间，如长株潭、武汉城市群、成都平原城市群，协作关系涉及的层级缩短为两级，省级政府充当委托方和管理方的双重角色，持有目标设定、检查验收的控制权和激励分配权，而市（县）政府则负责协作的实际运行过程。但不排除，中央政府出于国家战略定位或政治考虑，而参与到省域内区域府际协作中的，如珠三角地区。当府际协作主体为跨省域的地方政府，或者协作内容来自中央政府意志时，如京津冀地区和长三角地区的环境协作治理，委托方为中央政府，通过正式或非正式形式，设定协作的总体目标，并将这些指标通过签订责任书等形式分配给中间政府（省/市级政府），由中间政府对代理方的具体政策执行过程进行管理和监督；在此过程中，中央政府拥有目标设定权和检查验收权，而中间政府则行使其辖区内的激励分配的控制权以及其他有关政策实施过程中的控制权。需要注意的是，当面对自上而下的政策执行压力时，作为代理方的地方政府并不只是一味地被动执行，可能出现"准退出"的情形，或者运用如斯科特（1985）所言之"弱者的武器"，即代理方虽不能公开抵制、反抗或通过正式程序来讨价还价，但可以利用保留的实际执行权威来采取非正式、微妙的抵制方式。总结来说，控制权在不同层级政府中的分配，产生了不同的治理结构和模式。

图 3-3 区域府际协作治理中权威关系的分析模型

二、区域府际协作的社会网络

个体①的社会互动行为除了受内部动机的驱动外，还受到其嵌入的水平与垂直关系网络中的信任、规则、权力、身份等要素的影响，而这些要素又都受制于更大的制度结构；反过来，个体行动又重新塑造着制度结构，并在时间维度中显现出来。前面分析了制度结构对于政府协作行为和动机的影响，这里主要从网络视角出发，为理解政府协作行为与其嵌入的关系网络②之间的联系提供理论解释，以期将宏观与微观相结合，综合地理解个体行为、关系结构和制度环境是如何相互作用和演化的。

（一）协作行动与网络结构

无论是古典经济学、新古典经济学，还是经济学家们同史学家、政治学家共同发展出的新制度经济学，都同样延续着功利主义的传统，认为人类行动是孤立的、低度社会化的，主张从理性的与自利动机中去寻求对行为与制度的解释；而大量早期的社会学家则认为人是完全屈从于共有价值和社会规范的。事实上，格兰诺维特就认为，低度社会化和过度社会化的论点更多的是一种理解现实的理想模型，是对复杂社会的简化处理③。尽管简化论者的解释有时能够通过纯利益驱动模型来解释个体行动的某些方面，但却几乎无法解释个体行动在约束和激励条件下是如何演化的。而无论是低度还是过度的社会化观点，它们都共同地将行动者孤立于"实时的社会情景"之外。这些社会科学家们在分析行动者动机和行为时，往往忽略了行动者之间过去的关系史以及正在演变的关系网络，但是行动者在实践中会凭借其理性判断对这些关系加以利用。或许，行动者之间的关系网络才是解释组织效力或高或低的主要因素。"镶嵌"观点认为，行动者之间的相互关系以及由此形成的关系网络能产生信任。即使社会经济活动中有普遍的道德约束和预防欺诈背叛的制度设计，但每个人仍然倾向于与其喜欢的、信誉良好的人打交道。因此是社会关系，而不是制度安排或普遍道德，能在经济生活中产生信任。长期的互动关系，能减少协作中对其他行动者信息搜集的成本，带来满意度，增加信任，避免机会主义。因此，从社会网络角度来分析社会互动行为及其关系，是一种与传统社会科学研究不同的研究范式，它将研究重点集中在行动者之间的关系及其嵌入其中的网络上，而不仅仅是关注行动者个体属性，为理解社

① 这里的个体，不仅指作为单独的个人，也指群体、组织等，其涵义与"行动者"一致，在文中交替使用。

② 本书中的"关系"可理解为行动者之间的联系。我们认为，行动者之间的互动有助于增加对彼此的理解，增强信任，积累社会资本；另外，处于更大的制度环境中的行动者之间会形成一定的结构或者差异性关系。因此，本书是在中性层面或者积极的意义上使用"关系"一词。

③ 马克·格兰诺维特：《镶嵌：社会网与经济行动》，罗家德等译，社会科学文献出版社，2015。

会行动提供了一个更为立体的、综合的视野①。

组织内部存在正式权威和实际权威之分②，组织内部的科层权力对组织运行和成员行为起基本的规制作用，但其所产生的效能不宜被过分强调，也不能忽略围绕协作组成的集体内部成员间的关系网络在塑造行动者动机和行为方面的作用。典型的韦伯式科层制往往将关系网络排除在外，而"当人员流动率变低时，固化的职位关系会附加上更多的私人色彩，最终会因这种关系网络的改变而影响组织行动"③。亦如格兰诺维特指出的那样，行动者既不是独立于社会脉络之外的原子式存在，也不是固定于其所属的社会角色，其带有目的性的行为动机实际上是嵌在真实运行的社会关系系统之中的④。"制度背景、网络关系与个体结构是相互作用与共同变迁的"⑤。要完整地理解政府组织协作系统的行为逻辑，除了分析框定其运行空间的制度背景外，还需要厘清润滑或阻滞政府单元之间协作行动的网络结构。

从社会互动的观点看，区域府际协作就是参与协作的各政府单元及其相互关系构成的特定社会网络。各政府单元的协作行为并不仅仅是受理性计算的自我利益和偏好动机的影响，还受制于其嵌入的与其他政府单位共同构成的区域协作关系网络和更大的制度结构之中，同时反过来塑造着协作关系网络和制度结构。本部分仅探讨地方政府协作行为与其社会网络间的关系。在本书中，我们将影响地方政府协作行为的网络分为两种，一是基于各地方自然、经济、社会和政治等方面的属性特征而形成的差异性关系网络，或者说资源结构；二是除大气协作关系之外，地方政府之间基于真实互动产生的关系网络。相比而言，前者属于静态的结构特征，后者则是社会资本累积的必要条件，且静态结构会影响真实关系网络结构，后者反过来也可能促使前者在长时间段发生变化。网络结构一旦形成，便会对地方政府间的协作行为产生直接影响。

根据格兰诺维特（Granovetter. M）嵌入的观点，可将具体行为嵌入社会关系的方式分为关系嵌入和结构嵌入两种。关系嵌入是从微观层面对嵌入网络中的行为者与他人关系的特征进行描述。结构嵌入是从总体层面上描述行动者嵌入社会网络的结构特征，包括位置结构、网络密度、网络规模等，这些都会影响行动

---

① 马克·格兰诺维特：《镶嵌：社会网与经济行动》，罗家德等译，社会科学文献出版社，2015。

② Philippe Aghion, Jean Tirole, "Formal and Real Authority in Organizations," *Political Economy* 105, no. 1 (1997): 1—29.

③ Lincoln James, "Intra- (and inter-) organizational networks," *Research in the Sociology of Organizations*, 1, *no*.1 (1982): 1—38.

④ 马克·格兰诺维特：《镶嵌：社会网与经济行动》，罗家德等译，北京：社会科学文献出版社，2015年，第7页。

⑤ 马克·格兰诺维特：《镶嵌：社会网与经济行动》，罗家德等译，北京：社会科学文献出版社，2015年，第182页。

者在网络中所能占有和支配的稀有资源①。从操作层面上说，则可分别从微观的行动者中心角度、二元网络角度，以及宏微观的多元网络角度对社会关系网络进行研究。处于该网络结点的地方政府单元在占有位置、权力和资源等要素方面存在不同程度的差异，这些要素通过地方政府之间持续互动形成的关系结构来影响其协作偏好和行为，进而形成不同的协作治理模式。因此，研究区域府际关系网络中的协作行为，一要分析单个政府单元与其他政府单元的关系结构特征，二要分析这些关系结构对政府协作偏好和行动的影响，三要从时间维度考察协作网络的结构特征及其演化路径。

综上所述，可提出本研究的第一个假设。

假设1：城市间已有关系对大气府际协作关系具有显著正向影响。

（二）基于行动者属性的差异结构

行动者属性在这里是指一定区域内参与大气污染协作治理的城市在环境、经济、社会、政治等方面所具有的特点。行动者之间在属性上的差异性构成群体异质性，而这恰恰是影响其集体行动过程中的协作成本、协作风险的重要因素，并且形成不同的协作关系和关系结构。因此，本书提出以下研究假设：

假设2：城市属性异质性对大气府际协作关系有显著影响。

假设3：城市属性对大气府际协作关系网络中的地位有显著影响。

下面，我们将从自然、经济、社会、政治等方面对个体属性、群体属性与府际协作关系、网络结构等方面的关系进行论述，并作出针对假设2、3的子假设。

1. 自然属性。跨界环境问题的严重程度及在各行政管辖区的分布情况是决定各地方政府协作偏好和协作参与程度的重要因素。大气污染、水污染等环境问题具有极强的外部性，而各地区社会经济发展水平的不同使得不同地区所面临的环境污染程度存在差异。例如，有关京津冀地区大气环境污染问题中，由于经济发展水平和产业结构的不同，北京的污染源主要是扬尘和汽车尾气污染，而河北省的污染源主要是工业废弃物，这就决定了该区域不同地方政府在协作治理中所面对的治理内容及协作偏好的差异。一般来说，如果城市大气污染问题越严重，那么其拥有更强的污染治理动机；同时由于空气污染的流动性，造成区域性空气质量的同质性，使得周边城市愿意与之展开协作，从而提高了该城市在府际协作中的地位。综上所述，提出本书的第一组研究假设：

假设2.1：在控制其他变量的情况下，空气质量异质性对府际协作关系有显著负向作用。

假设3.1：在控制其他变量的情况下，空气质量对于城市在府际协作网络中的地位有显著正向影响。

---

① 蒋海曦、蒋瑛：《新经济社会学的社会关系网络理论述评》，《河北经贸大学学报》2014年第6期。

还有一个重要的自然因素是地理位置。有研究表明，毗邻地区政府官员在私人和工作上的联系能够促进地方政府间协作，且地理上的临近增加了政策溢出的可能性，为协作创造激励[1]。一方面，地理边界的临近使得相邻辖区之间面临的环境问题性质和严重程度具有很强的相似性；另一方面，相邻辖区之间重复互动次数较多，彼此依赖程度和信任程度较高，有助于减少交易成本。

假设 2.2：在控制其他变量的情况下，地理邻接性对于府际协作关系有显著正向影响。

假设 3.2：在控制其他变量的情况下，地理邻接性对于府际协作网络中城市地位差异有显著负向影响。

2. 经济属性。作为衡量地区发展的重要指标，经济因素对地方政府协作行为有着重要影响。通过协作和纠正负外部性溢出而产生正外部性是集体行动的重要议题。不少研究者认为对成本效率和规模经济的追求是进行协作的最主要动因[2][3][4][5]，而一些学者通过实证研究发现对公共服务质量提高的关注才是主要动因[6][7]，地方政府财政压力与加入横向政府间活动范围之间并不存在正相关关系。可见，经济因素对地方政府协作治理中互动行为的影响还并不明确，尤其是在不同制度环境和协作领域下的具体作用方式和路径还需进一步探索。

经验数据发现，经济发展水平同环境质量之间呈现 U 型关系，在经济发展的初期阶段，二者呈负相关关系，这可能与经济发展早期的生产方式有关[8]。菲沃克等的研究发现，中国地方政府间协作的主要目的是经济增长，而非环境保

①　Stone，Melissa M.. "Planning as Strategy in Nonprofit Organizations：An Exploratory Study." *Nonprofit and Voluntary Sector Quarterly*，18，no. 4 (1989)：297—315.

②　Feiock Richard C, "Rational Choice and Regional Governance," *Journal of Urban Affairs*，29，no. 1 (2007)：47—63.

③　Lennart J. Lundqvist. 1998. Local-to-Local Partnerships among Swedish Municipalities：Why and How Neighbours Join to Alleviate Resource Constraints [A]. In Partnerships in urban governance. European and American experiences，edited by Jon Pierre，93—111. Basingstoke，UK：Palgrave.

④　David R. Morgan，Michael W. Hirlinger，"Intergovernmental Service Contracts：A Multivariate Explanation," *Journal of Urban Affairs Review*，27，no. 27 (1991)：128—144.

⑤　Bartle，J. R.，& Swayze，R. Interlocal cooperation in Nebraska [R]. Prepared for the Nebraska Mandates Management Initiative. 1997.

⑥　Thurmaier，Kurt，and C. Wood，"Interlocal Agreements as Overlapping Social Networks：Picket-Fence Regionalism in Metropolitan Kansas City," *Public Administration Review*，62，no. 5 (2002)：585—598.

⑦　Gossas，Markus. Kommunal samverkan och statlig nätverksstyrning [R]，Örebro Studies in Political Science，Univ. of Orebro，2006.

⑧　Grossman G M，Krueger A B，"Economic Growth and the Environment," *Quarterly Journal of Economics*，110，no. 2 (1995)：353—377.

护①。长期以来的经济发展优先导向等，使得地方政府更关注 GDP 指数的增长，这意味着中国地方政府间协作的主要内容和目的是促进本地区经济增长。另外，产业结构和生产方式对地方政府的环保行为也有一定影响。在第二产业占比较重的地区，工业污染是其环境污染的主要源头，地方政府面对环境治理的巨大压力而随着当前中国整体社会进入深度调整期，加之近年中央政府对环境治理力度的加大，地方政府在环境保护方面的投入也随之增加。当地方经济发展达到较高水平时，对环境质量的要求和环保意识也相应提高，也意味着拥有更强的内在协作动机和协作能力；相反，经济发展水平相对低的地区对环境质量的重视程度可能会低一些。由此可能导致同一区域内不同经济发展水平的地方政府在环境协作治理行动上的差异性。综上所述，本书提出以下研究假设：

假设 2.3：在控制其他变量的情况下，经济发展水平异质性对于大气府际协作关系有显著正向影响。

假设 3.3：在控制其他变量的情况下，经济发展水平对于大气府际协作关系网络中的城市地位有显著正向影响。

假设 2.4：在控制其他变量的情况下，产业结构异质性对于大气府际协作关系具有显著负向影响。

假设 3.4：在控制其他变量的情况下，第二产业占比对于大气府际协作关系网络中的城市地位具有显著负向影响。

3. 社会属性。城市化或城镇化水平是衡量一个国家或地区社会生产力发展的重要指标，包括空间城镇化、经济城镇化、生活城镇化和人口城镇化等维度。研究表明，经济发展与环境污染呈曲线关系，即环境库兹涅茨曲线关系（EKC），而城镇化率是否类似于经济增长，最终将与环境保持"良性发展"？有学者认为城镇化与地方污染之间的关系符合环境库兹涅茨曲线，有的则认为它们之间的关系比较复杂，是一种长期的动态均衡关系。黄河东认为空间城镇化与环境污染呈正相关关系，经济城镇化、生活城镇化与环境污染呈负相关关系②。郭佳等人的研究则表明人口城镇化与环境污染之间存在显著的正相关关系③。可以看到，尽管学者们并未就社会发展水平与环境污染之间的系统关系形成成熟的认识，但其相互之间存在关系是确定的。

关于城镇化异质性与城市间协作的讨论由来已久，但主要集中在经济的或综

① Yi H, Suo L, Shen R, et al, "Regional Governance and Institutional Collective Action for Environmental Sustainability," *Public Administration Review*, no. 3（2017）：556—566.

② 黄河东：《中国城镇化与环境污染的关系研究——基于 31 个省级面板数据的实证分析》，《管理现代化》2017 年第 6 期。

③ 郭佳、何雄伟、薛飞：《人口城镇化、经济增长对地区环境污染的影响》，《企业经济》2018 年第 7 期。

合的层面，如有研究表明，在经历人口下降的城市很有可能采取协作行为[1]。李佳芸的研究表明人口城镇化的差异关系对于城市政府间的大气协作关系没有显著影响[2]，但是该研究样本量略小，结论需要谨慎接受。作者认为，社会发展水平异质性越小的城市之间，人口结构同质性更强，其偏好也趋向一致，更容易在环境污染治理方面的协作行为上达成一致意见。另外，那些社会发展水平越高的城市，居民对于环境质量的要求越高，更容易在区域环境治理中采取协作行动。因此，本书提出以下研究假设：

假设 2.5：在控制其他变量的情况下，社会发展水平异质性对大气府际协作关系有显著负向作用。

假设 3.5：在控制其他变量的情况下，社会发展水平对大气府际协作关系网络中的城市地位有显著正向作用。

4. 政治属性。国外城市设置多采用"切块设市"的模式，其治理模式也多是居民自治，城市只是区域之中人口密集的实体建设地域，城市之间只有规模大小，并无行政等级差异[3]，其政府所拥有的治理权力是平等的。而中国城市设置主要采用"整建制设市"模式，不同城市拥有不同的行政级别，在政治地位、立法和管理权限上也因此存在很大差别，下级城市严格服从上级城市的领导，从而构建起城市行政等级体系[4]。行政等级制度投射在城市管理上而建立起来的城市行政等级体系是中国城市区别于国外城市的根本特点。近年来，研究者关注到了城市行政级别对城市经济发展的影响，包括资源要素聚集与房价水平、城市规模扩张等变量的关系，研究发现行政中心偏向使得中国城市行政级别对于城市资源聚集能力存在巨大影响，加剧了城市之间的不平等[5][6][7]。

城市行政层级差异同样对地方政府间协作治理有着重要影响[8]。一般认为，协作治理是具有平等地位的相关行动者基于资源稀缺性和权力互赖性而组成的行动集体，为了实现某种共同目的而相互协作。然而，这种平等地位因城市之间存在的行政层级而打破。首先，每个城市都处于特定的行政层级上，拥有不同

①　Kwon Sung Wook, Feiock R C, "Overcoming the Barriers to Cooperation: Intergovernmental Service Agreements," *Public Administration Review* 70, no. 6 (2010): 876—884.

②　李佳芸：《区域异质性、合作机制与跨省城市群环境府际协议网络》，电子科技大学，2017。

③　王明田：《城市行政等级序列与城乡规划体系》，中国城市规划年会，2013 年。

④　魏后凯：《中国城市行政等级与规模增长》，《城市与环境研究》2014 年第 1 期。

⑤　王麒麟：《城市行政级别与城市群经济发展——来自 285 个地市级城市的面板数据》，《上海经济研究》2014 年第 5 期。

⑥　贾春梅、葛扬：《城市行政级别、资源集聚能力与房价水平差异》，《财经问题研究》2015 年第 10 期。

⑦　江艇、孙鲲鹏、聂辉华：《城市级别、全要素生产率和资源错配》，《管理世界》2018 年第 3 期。

⑧　Yi H, Suo L, Shen R, et al, "Regional Governance and Institutional Collective Action for Environmental Sustainability,". *Public Administration Review*, no. 3 (2017): 556—566.

的政治地位；其次，行政中心偏向使得高层级的城市拥有更多的资源和发展机会，加剧了彼此间在经济社会等诸方面的不平等；最后，不同行政级别的城市主政者在党内职位层级也有所不同，加上党管干部的制度安排，使得下级城市主政者倾向于服从上级城市主政者，与后者建立频繁的互动关系，并取得其良好评价，即使二者在地域上并无主从关系。还需要注意，行政层级越高的地方政府，其主政官员承受的来自外部权威的压力更大，更容易采取与外部权威一致的行动策略。因此，区域环境协作治理中行政层级越高的地方政府往往更能成为协作网络中的中心，承担发起、组织、协调等责任。所以，在研究中国区域环境治理中的地方政府间协作行为时，城市行政层级是极其重要的变量。综上所述，提出以下研究假设：

假设 2.6：在控制其他变量的情况下，行政层级异质性对大气府际协作关系有显著正向影响。

假设 3.6：在控制其他变量的情况下，行政层级对大气府际协作关系网络中的城市地位有显著正向作用。

学者们在有关区域内部同质性和对称性对政府间协作的影响的研究上并没有达成共识。菲沃克认为区域共同体内部的同质性预示着潜在的共同利益和服务偏好，能够减少交易成本[①]。而安德森等人的研究则表明，由于协作中的强势方往往在网络中充当"枢纽"或"掮客"的作用，所以异质性和非对称性可能更有助于地方政府间协作[②]。作者认为学者们对此产生争论的原因在于，各类要素受不同制度环境的调节作用所致。也就是说，区域内的大气府际协作关系网络会受到外部制度环境和群体属性异质性的影响；同时，区域内部已有的关系网络会反过来塑造行动者的行为选择，包括上级权威和城市政府。另外，多数研究关注的是这种同质或异质的网络结构对于地方政府协作行为的影响，而并没有讨论其对于协作模式形成的作用，这表明我们还有进一步探索的空间。因此，本书试图通过对各类要素进行细分处理，讨论在中国区域环境治理的情境下，地方政府间的网络结构对于协作模式的影响。

三、府际协作工具类型

地方政府受自然、经济、社会和政治等因素，以及嵌入制度和关系网络的影响，在区域环境治理中会对协作工具类型进行选择性使用。因此，有必要对府际协作工具类型进行学理上的划分，便于后续研究工作的推进，诸如厘清影响协作

① Feiock R C，"Rational Choice and Regional Governance,"*Journal of Urban Affairs*，29，no. 1 (2007)：47－63.

② Andersen Ole Johan，Pierre Jon，"Exploring the Strategic Region：Rationality，Context，and Institutional Collective Action,"*Urban Affairs Review*，46，no. 2 (2010)：218－240.

工具选择的因素及其作用路径等。

　　纵观国内外有关区域府际协作模式或协作工具类型的研究，有研究者总结实践中存在的类型，如行政区划调整、设立双层政府、区域政府联盟、特区政府、政府间协议等[1]，或是从运作逻辑上将协作机制简单分为横向的或纵向的[2][3][4]，从协作方式和复杂性程度上分为正式协作（共同组织）和非正式协作（行政网络）[5][6]。菲沃克在其有关制度性集体行动框架的文章中，提出从行动者自主性和协作规模两个维度出发，将协作工具分为12种类型，并认为自主性越低、协作规模越大的协作工具，其交易成本越高。[7] 当菲沃克及其团队将其类型划分框架用于中国环境治理中时，剔除了规模维度，根据正式程度和外部权威大小将协作工具划分为正式协议、非正式/伙伴协议、外部权威型协议，其自主性成本也逐渐增大[8]。菲沃克的原有分类模型对于解释两个及以上的地方政府间合作具有较强的分析意义，尤其是在新公共管理倡导成本效率的背景下，而这一模型分析中国环境治理中的府际协作时，其处理却过于简单化和粗略化了，难以囊括实践中丰富的治理工具类型。亚历山大在爱尔特等人分类的基础上，从组织关系中的正式程度（正式的和非正式的）、组织交换的性质（一般的和特定的）将行政网络和共同组织分别分为四种，形成了共八种协作工具[9]。准确来说，这是一种三维的划分方式，将资产专用性、协作方式的复杂性和组织结构相结合，更具全面性和分析力度。

　　本书在总结前人类型划分维度的基础上，将协作机制类型分为组织、规则两个层面，再从外部权威和正式程度两个维度对这两类进行划分，总共分为八种协作工具，如图 3-4 所示。协作机制的组织层面是指参与区域府际协作的地方政府单元构成的具有特定形态的行动结构，包括正式的、非正式的，有外部权威介入的和无外部权威介入的。每个行动者在组织中拥有一定的地位和角色，但不是固定不变的，会随着自身特征、网络结构和外部环境的变化而改变，当这些要素变化到一定程度时，组织结构也会随之切换。组织层面的协作工具包括临时联席、

　　① 汪建昌：《区域行政协议：概念、类型及其性质定位》，《华东经济管理》2012 年第 6 期。

　　② 杨爱平：区域合作中的府际契约：概念与分类.中国行政管理，2011 年第 6 期，100－104 页。

　　③ 蔡岚：《缓解地方政府间合作困境的路径研究——以长株潭公交一体化为例》，中山大学，2011。

　　④ 邢华：《我国区域合作治理困境与纵向嵌入式治理机制选择》，《政治学研究》2014 年第 5 期。

　　⑤ 锁利铭：《地方政府区域合作治理转型：困境与路径》，《晋阳学刊》2014 年第 5 期。

　　⑥ Baumann J P，Gulati R，Alter C，et al，"Organizations Working Together," *Administrative Science Quarterly*，39，no. 2 (1994)：355.

　　⑦ Feiock R C. "The Institutional Collective Action Framework." *Policy Studies*，41，no. 3 (2013)：397－425.

　　⑧ Ruowen Shen，Richard C Feiock，Hongtao Yi，"China's Local Government Innovations in Inter-Local Collaboration,"，*Springer Singapore*，2017：25－41.

　　⑨ Ackroyd Stephen，Ernest R Alexander，"How Organizations Act Together：Interorganizational Coordination In Theory And Practice," *Administrative Science Quarterly*，43，no. 1 (1998)：217.

管制网络、协商型委员会和规制型委员会。协作机制的规则层面是指由区域府际协作的行动集体制定的有关协作内容、方式和标准等规范。既可以是正式的书面协议、法律政策，也可以是非正式的口头协定；既可以是外部权威用以限定行动者行为的上层规则，也可以是行动者平等协商制定的行动规则。规则层面的协作工具包括共识、委托协议、互助协议和规制协议。界定某一协作类型是否有外部权威介入，主要看该规则的制定或组织机构的形成是自愿性的，还是有更高层级政府直接指示或命令授权。界定某一协作类型是否正式，主要看该规则是否签订了正式的合作文本。而组织层面则是看是否有稳定的事务处理或协调机构，如成立办公室、配备专门工作人员等。

通过这种维度划分的方式，使我们得以观察到不同制度环境对于区域大气协作关系网络的差异性作用。在此，提出本书的最后一个研究假设：

假设 4：制度环境对于各类型大气府际协作关系网络存在差异性作用。

外部权威	非正式	正式
有	委托协议 管制网络	规制协议 规制型委员会
无	共识 临时联席	互助协议 协商型委员会

正式程度

图 3-4　区域府际协作工具类型

第四章 研究设计：样本与数据

本研究的研究对象为中国地方政府在大气治理方面的协作行为，选取来自京津冀及周边地区（以下简称"京津冀地区"）、长江三角洲地区（以下简称"长三角区域"）、珠江三角洲地区（以下简称"珠三角地区"）、成渝双城经济圈（以下简称"成渝城市群"）为分析单位。之所以选择区域性的城市群，是因为城市群是区域协调发展战略的重要内容，是地方政府协作治理的重要平台，特定空间范围内多个政府主体之间互动的集聚有助于我们对区域府际协作网络的观察和认识。另外，在已经印发的9个城市群发展规划[①]中均将"推进环境共保共治"作为重要内容。本书将基于这些样本研究城市治理大气污染的协作行为，分析协作关系网络、协作行为、制度环境之间的关系。

第一节 样本选择与选择依据

本书选取京津冀地区、长三角区域、珠三角地区、成渝城市群的城市为样本城市来源，主要基于以下几方面的考虑：

第一，区域大气污染的严重性。京津冀、长三角、珠三角地区，以及辽宁中部、山东、武汉及其周边、长株潭、成渝、海峡西岸、山西中北部、陕西关中、甘宁、新疆乌鲁木齐城市群等13个重点区域，排放了48%的二氧化硫、51%的氮氧化物、42%的烟粉尘和约50%的挥发性有机物，单位面积污染物排放强度是全国平均水平的2.9～3.6倍。其中，京津冀地区、长三角区域、珠三角地区、成渝地区的污染最为严重。[②]。如此严重的大气污染，已经严重制约了区域经济社会的发展。由于4个区域大气污染问题的严重性，2010年环保部等10部委联合印发的《关于推进大气污染联防联控工作改善区域空气质量的指导意见》与2018年国务院印发的《打赢蓝天保卫战三年行动计划》（以下简称《三年行动计划》），先后将其列为开展大气污染联防联控共治的重点区域。京津冀地区、长三角地区、珠三角地区一直是中央政府要求开展大气污染联防联控的区域，成渝

---

① 截至2018年2月22日，国务院先后批复了9个国家级城市群：长江中游城市群、哈长城市群、成渝城市群、长江三角洲城市群、中原城市群、北部湾城市群、关中平原城市群、呼包鄂榆城市群、兰州—西宁城市群。

② 2012年10月29日，环境保护部、发展改革委、财政部联合印发《重点区域大气污染防治"十二五"规划》。

城市群则是作为以中心城市污染防治为核心的协作区域。

第二，区域府际协作的持久性和稳定性。早在改革开放之初，为促进区域经济一体化，我国相继提出建立长三角经济区、珠三角经济区、环渤海经济区等颇具规模和影响的发展战略，各区域相关政府围绕着经济、基础设施、公共服务等多领域开展了广泛的协作，成立了不少区域性合作组织。可以说，这些区域地方政府在多年的交流互动中积累了大量协作经验，建立起了一些基本的协作机制，形成了相对稳定的协作模式和制度安排。除此之外，以 2008 年北京夏季奥运会期间，京津冀地区为保障首都空气质量而展开的协作为起点，我国区域内地方政府间为治理大气污染而展开的协作行为持续了十余年，而这一具体领域内的历时性的协作经验积累为我们获取协作数据提供了基础。

第三，区域地理位置。所选的四个区域较为完整地代表了中国的几大版块，其中京津冀及周边地区位于北部，长三角位于东部沿海，珠三角位于南部，成渝城市群位于西部，具有地理位置上的代表性。

第四，所选区域在全国的重要性。根据粗略计算，所选区域 2017 年国内生产总值约占全国总量的 55.54%，常住人口数量约占全国人口总量的 45.82%。其中，长三角地区、京津冀地区、珠三角地区、成渝城市群的 GDP 总量分别占全国 GDP 总量的 23.61%、11.62%、10.85%、6.82%[①]，具有经济和人口方面的代表性。所选区域的庞大经济体量，以及其在国家经济社会中所占的重要位置，也进一步增强了研究的实际价值。

总的来说，四个区域内的城市样本在区域大气治理的府际协作上具有样本代表性，是理解本研究议题的重要载体。

一、京津冀及周边地区

在大气污染治理领域，"京津冀及周边地区"的提法第一次出现在保障 2008 年北京奥运会空气质量的相关政府文件中，要求北京市、天津市、河北省、山东省、山西省、内蒙古自治区等六省（自治区、直辖市）的相关城市进行节能减排。2015 年，国务院决定将河南省、交通部纳入京津冀及周边地区大气污染防治协作小组，最终形成了京、津、冀、晋、蒙、鲁、豫七省（自治区、直辖市）相关的 52 个城市[②]为主体的协作网络。

---

① 数据来源：作者根据 2018 年中国统计年鉴以及各省份统计年鉴计算得出。

② 参与京津冀大气污染协作治理的 55 个城市分别是：北京、天津、石家庄、唐山、秦皇岛、邯郸、邢台、保定、张家口、承德、沧州、廊坊、衡水、太原、大同、朔州、忻州、阳泉、长治、晋城、济南、青岛、淄博、枣庄、东营、潍坊、济宁、泰安、日照、莱芜、临沂、德州、聊城、滨州、菏泽、郑州、开封、平顶山、安阳、鹤壁、新乡、焦作、濮阳、许昌、漯河、南阳、商丘、信阳、周口、驻马店、呼和浩特、包头、朝阳、锦州、葫芦岛。其中，辽宁的朝阳、锦州、葫芦岛 3 市由于参与协作非常少，故不再纳入分析。

　　北京、天津、河北三省市之间以及与周边城市之间的协作由来已久。最早可追溯到 1986 年，天津市市长李瑞环联合 14 个城市发起成立了"环渤海地区经济联合市长联席会"①。而京津冀三地作为该区域的核心，其城市间的协调正式开始于 2004 年，国家发改委启动对京津冀都市圈区域规划的编制工作。2011 年在国家"十二五"规划中提出要打造首都经济圈，从交通、产业、公共服务、生态环境保护等方面入手，实现三地一体化。2015 年，国务院审议通过《京津冀协同发展规划纲要》，京津冀地区的府际协作进入到一个新阶段。从横向对比来看，京津冀地区是我国空气污染最严重的区域，PM$_{2.5}$是该地区的首要污染物②。因此，在区域协同发展中，包括水资源等在内的生态环境保护成为协作的重要内容。

　　由于该区域核心是全国政治中心，也是重要的经济、文化中心，是国家对外交流的重要窗口，加之前述大气污染问题的严重性和紧迫性，环保部、发改委、工信部、财政部、住建部、能源局六部委于 2013 年 9 月 17 日印发了《京津冀及周边地区落实大气污染防治行动计划实施细则》，联合六省（自治区、直辖市）成立了京津冀及周边地区大气污染防治协作机制，共同推进区域大气污染联防联控工作③。在党中央、国务院的领导下，中央各部委联合七省区市建立了形式多样的协作机制，高强度、高密度地出台了一系列政策，开展了大量的协作行动。

二、长三角区域

　　长三角区域由江苏、浙江、安徽、上海三省一市④组成。狭义的长三角地区一般指 26 城市组成的长三角城市群⑤，更多的是经济概念。而在环境保护领域，尤其是大气保护领域，因大气污染的扩散性扩展了治理空间，长三角区域概念主要包括三省一市的 41 个城市：上海，江苏的南京、无锡、徐州、常州、苏州、南通、连云港、淮安、盐城、扬州、镇江、泰州、宿迁，浙江的杭州、宁波、温州、绍兴、湖州、嘉兴、金华、衢州、台州、丽水、舟山，安徽的合肥、芜湖、蚌埠、淮南、马鞍山、淮北、铜陵、安庆、黄山、阜阳、宿州、滁州、六安、宣城、池州、亳州。

---

　　①　环渤海地区经济联合市长联席会成员包括天津、大连、丹东、营口、盘锦、秦皇岛、唐山、沧州、滨州、东营、潍坊、烟台、青岛、威海 15 个城市。2008 年更名为"环渤海区域合作市长联席会"。

　　②　资料来源：http://www.xinhuanet.com//politics/2015-12/30/c_1117630976.htm，获取时间：2018-12-30。

　　③　关于印发《京津冀及周边地区落实大气污染防治行动计划实施细则》的通知. 中华人民共和国环境保护部网. 2013-09-17。

　　④　三省一市是指江苏省、浙江省、安徽省、上海市。下同。

　　⑤　2016 年国务院批复的《长江三角洲城市群发展规划》中，长三角城市群包括 26 个城市：上海、南京、镇江、扬州、常州、苏州、无锡、南通、泰州、盐城、杭州、嘉兴、湖州、绍兴、宁波、舟山、金华、台州、合肥、芜湖、滁州、马鞍山、铜陵、池州、安庆、宣城。

长三角区域是一个发展的概念，在不同历史阶段有不同的诠释。改革开放以来，长三角区域的发展大致可分为五个阶段：一是1982年至1984年的上海经济区，二是1984年至1988年的上海经济区扩大版，三是1998年至2008年以苏浙沪16城市为主体形态的长三角城市群，四是2008年江浙沪的25个城市，五是2016年长三角城市群三省一市的26个城市①。不仅长三角区域整体城市间的协作频繁，在其内部还存在着几大都市圈，包括南京都市圈、杭州都市圈、苏锡常都市圈、宁波都市圈、合肥都市圈等，呈现出一种多中心协调发展的模式。

　　经过改革开放以来40年的发展，长三角区域已经成为中国乃至世界性的经济发展高地，但同样没能避免发展中产生的严重的环境污染问题。从2010年，中央有关开展区域大气污染联防联控的相关文件起，我国就一直将长三角区域作为防治的重点区域。早在2008年12月，沪苏浙环保厅（局）长在苏州共同签署《长江三角洲地区环境保护工作合作协议（2008—2010年）》，两省一市②决定在水、大气等方面展开合作，并建立环境保护合作联席会议制度。借助2010年上海世博会、2014年南京青奥会、2016年G20杭州峰会等重大节事的契机，三省一市相关城市围绕空气质量保障展开了大量协作，建立了一系列协作机制，取得了较大成功。2012年，三省一市环保厅（局）签订了《2012年长三角大气污染联防联控合作框架协议》③。2014年1月7日，长三角三省一市和国家八部委组成的长三角区域大气污染防治协作机制启动，并召开了第一次工作会议④。总的来说，长三角区域在大气污染治理方面开展了许多协作治理的探索，建立了丰富多样的协作机制。

---

　　① 长三角地区发展阶段划分主要参考刘士林《长三角城市群的"前世今生"》，http：//sskl. hefei. gov. cn/13290/13294/201806/t20180607 _ 2583547. html，获取时间：2018－12－30。1982年提出"以上海为中心建立长三角经济圈"的设想，12月在国务院发布的《关于成立上海经济区和山西能源基地办公室的通知》中，正式确立上海经济区以上海为中心，包括苏州、无锡、常州、南通、杭州、嘉兴、湖州、宁波、绍兴等9个城市。1984年12月，国务院决定将上海经济区的范围扩大为上海、江苏、浙江、安徽、江西一市四省。1992年成立的长江三角洲城市经济协调会包括上海、杭州、宁波、湖州、嘉兴、绍兴、舟山、南京、镇江、扬州、常州、无锡、苏州、南通，1996年泰州加入，2003年台州加入。2008年，在原有16个城市基础上，纳入了徐州、淮阴、连云港、宿迁、盐城和金华、温州、丽水、衢州。2016年，《长江三角洲城市群发展规划》去掉了苏浙的一些城市，同时把安徽省的合肥、芜湖、马鞍山、铜陵、安庆、池州、滁州、宣城纳入长江三角洲城市群。

　　② 两省一市是指江苏省、浙江省、上海市。下同。

　　③ 资料来源：http：//hbj. zhenjiang. gov. cn/hbxw/shnyw/201205/t20120521 _ 723377. htm，获取时间：2018－12－30。

　　④ 资料来源：http：//env. people. com. cn/n/2014/0108/c74877 － 24055759. html，获取时间：2018－12－30。

三、珠三角地区

珠三角地区[①]所属的广州、佛山、肇庆、深圳、东莞、惠州、珠海、中山、江门9个城市的上级政府均为广东省政府，是所选四大区域中唯一未跨越省级行政区划的。尽管珠三角城市群面积仅为4.22万平方公里，集聚了全国4.34%的人口，但2016年该区域GDP总量达到67841.85亿元，占到当年全国GDP总量的9.12%[②]。有统计数据显示，珠三角地区已经超越日本东京都市区，成为世界人口和面积最大的城市带[③]。

珠三角地区因毗邻香港、澳门，具有得天独厚的优势。1994年，广东省委首次提出建设珠江三角洲经济区，包括广州、佛山、肇庆、深圳、东莞、惠州、珠海、中山、江门9个城市，自此开启了珠三角地区快速发展的步伐。为了实现区域协调发展，广东省委、省政府于2013年出台了《关于进一步促进粤东西北地区振兴发展的决定》，以及2014年的《广东省新型城镇化规划（2014—2020年）》，决定对三大都市圈进行扩容，形成"广佛肇＋清远、云浮""珠中江＋阳江""深莞惠＋汕尾、河源"的新型都市圈。国家层面上，"十三五"规划中指出，要将珠三角城市群打造成世界级城市群。由此可见，作为改革开放的前沿阵地，珠三角地区各政府之间的协作由来已久，彼此之间建立了良好的协作关系。

与其他城市群类似，由于工业化、城镇化快速发展，珠三角地区在水资源、大气和土污染方面的问题十分严重。广东省政府较早地意识到环境污染问题对经济社会发展带来的负面作用，并启动了各城市政府间的环境协作治理。2004年，广东省政府与国家环保总局联合编制了《珠江三角洲环境保护规划纲要（2004—2020）》，是我国首个区域性环境保护规划。因珠三角地区灰霾备受居民、新闻媒体的关注，而各部门、各城市之间对相关问题的意见不统一、治理职责模糊，广东省人民政府于2008年着手建立了珠三角区域大气污染防治联席会议，2009年颁布实施《广东省珠江三角洲大气污染防治办法》，2010年由广东省环保厅等6部门联合制定了《广东省珠三角洲清洁空气行动计划》[④]。2008年珠海、中山、江门三市率先签订了《珠中江环境保护区域合作协议》。2009年，广佛肇经济圈环保专责小组召开第一次联席会议。

---

① 一般意义上的珠江三角洲地区，主要是指文中所提的9个城市，亦即"小珠三角"。"大珠三角"是指小珠三角加上香港、澳门地区，现在也称为"粤港澳大湾区"。另外，还有"泛珠三角"的概念，是指由两广、福建、江西、海南、湖南、四川、云南、贵州等9省（区）以及香港、澳门组成的自愿协作共同体。本书主要关注一般意义所指的由9个城市组成的"小珠三角"。

② 数据来源：作者根据国家统计局2016年全国统计年鉴和广东省统计年鉴相关数据计算得出。

③ 资料来源：详见2015年1月26日，世界银行发布的《东亚变化中的都市景观》报告。

④ 资 料 来 源：http://www.gzepb.gov.cn/yhxw/201006/t20100617_63918.htm，获取时间：2018—12—30。

四、成渝城市群

成渝城市群是由四川部分城市，包括成都、自贡、泸州、德阳、绵阳、遂宁、内江、乐山、南充、眉山、宜宾、广安、达州、雅安、资阳等 15 个地级市，以及直辖市重庆组成，是西部大开发的重要平台，是长江经济带的战略支撑，也是国家推进新型城镇化的重要战略示范区。成渝城市群的总面积 18.5 万平方公里，2014 年常住人口 9094 万人，地区生产总值 3.76 万亿元，分别占全国的 1.92%、6.65% 和 5.49%[①]，是西部经济基础最好、经济实力最强的区域之一。

重庆、成都两个城市一直以来是西南地区的中心城市，两地在经济、社会、人文等方面联系密切，一直以来都保持着频繁的互动关系。2004 年，重庆与四川签订《关于加强川渝经济社会领域合作，共谋长江上游经济区发展的协议框架》。2007 年，在中央政府西部大开发重大战略指导下，重庆市政府和四川省政府签订了《关于推进川渝合作、共建成渝经济区的协议》，第一次框定成都平原经济区的地理空间范围。2011 年，经国务院批复，国家发改委印发《成渝经济区区域规划》，将进一步加快成渝经济区发展，作为深入推进西部大开发，促进全国区域协调发展的重要抓手，确定了重庆 31 区县、四川 15 市的区域范围[②]。直到 2016 年国务院批复的《成渝城市群发展规划》，该区域正式上升为国家级城市群，为其发展注入了全新动力[③]。

近年来，成渝城市群作为东部地区产业转移的主要区域之一，在经济快速发展的同时也面临着严峻的环境问题，尤其在大气污染方面，加之成渝城市群不利于污染物扩散的自然条件，使其空气质量长期处于不容乐观的状态。在该区域内部，除了四川省与重庆市两个省（市）层面的协作外，更多的合作集中在城市之间的协作，尤其是成都平原城市群之间的协作。2010 年，成都同德阳、绵阳、遂宁、乐山、雅安、眉山、资阳 7 市签订了《成都经济区区域环境保护合作协议》[④]；同年，四川省环保厅、发改委、科技厅联合制定了《关于推进大气污染联防联控工作改善区域空气质量指导意见》四川实施方案，要求成都等 15 市协

---

① 数据来源：2016 年国务院批复同意的《成渝城市群发展规划》。
② 根据《成渝经济区区域规划》，该区域规划范围包括重庆市的万州、涪陵、渝中、大渡口、江北、沙坪坝、九龙坡、南岸、北碚、万盛、渝北、巴南、长寿、江津、合川、永川、南川、双桥、綦江、潼南、铜梁、大足、荣昌、璧山、梁平、丰都、垫江、忠县、开县、云阳、石柱 31 个区县，四川省的成都、德阳、绵阳、眉山、资阳、遂宁、乐山、雅安、自贡、泸州、内江、南充、宜宾、达州、广安 15 个市区域面积 20.6 万平方公里。
③ 资料来源：国务院正式批复成渝城市群发展规划，https://www.sc.gov.cn/10462/10464/10797/2016/4/15/10376470.shtml. 获取时间：2016—5—15。
④ 资料来源：成都经济区开启"大环保"，https://news.sina.com.cn/c/2010—03—19/063017240486s.shtml. 获取时间：2010—3—19。

作治理大气污染。2013 年，成都平原 5 市签订《成都德阳绵阳眉山资阳五市秸秆综合利用区域合作和禁烧联防联控工作协定》①。可以看到，近年成都平原城市群在大气污染治理方面的协作不断加深，也形成了相对固定的协作网络和模式。实际上，成渝城市群内部的大气协作多集中在各自省（市）内部展开，因此，我们选择该城市群内部的四川实际开展联防联控的 18 市②作为分析对象。

第二节　数据来源与收集

结合前一部分的分析，我们看到，本研究的分析样本由四个区域内的 4 个直辖市及 117 个地级市组成。基于数据的可获得性，我们所使用数据的时间范围为 2008 年 1 月 1 日至 2018 年 11 月 30 日。本研究的数据搜集渠道主要有几种：第一，中央政府网站、所选区域地方政府网站、城市日报有关府际协作的相关工作动态、法规政策。第二，目前国内有关政府法律文件最全的数据库为"北大法宝"③，因此，本研究也利用该数据库获取中央及地方政府有关环境保护、大气治理等相关的法律法规。第三，对于各个城市的社会经济环境指标的数据收集，主要通过 EPS 数据平台中的相关数据库，包括中国区域经济数据库中相关省、地级市数据，中国环境数据；另外，通过各省市历年统计年鉴，对有关社会经济环境指标辅助补齐。此处需要提及的是，关于各城市大气污染物排放量的数据目前能够收集到的最近时间是 2016 年，为了保证数据分析的全面性和可对比性，行动者属性数据的收集时间段为 2008 年至 2016 年。

一个网络数据集合中包括两种类型的变量：结构变量和成分变量。成分变量测量的是行动者的属性，即行动者的属性变量。这一类数据属于一般社会与行为科学的范畴，也就是从个体行动者层面界定的数据，在本研究中指区域内各省及各个城市的社会经济环境数据。结构变量测量是"行动者对"（即大于 2 的行动者子集）内部存在的特定联系，或者说两个行动者之间的特定关系，是社会网络数据集的基石。例如，人与人之间的友谊关系，公司之间的业务联系，国家之间的贸易往来等。在本研究中则是指特定区域内地方政府围绕大气污染治理而产生的协作关系。下面将对结构变量的数据收集及编码情况进行说明。

---

①　资料来源：小春秸秆禁烧 成德绵眉山资阳"疏堵结合、以用促禁"，https：//www. sc. gov. cn/10462/10464/10797/2013/4/18/10256943. shtml？cid＝303. 获取时间：2013－4－18.

②　成都、自贡、攀枝花、泸州、德阳、绵阳、广元、遂宁、内江、乐山、南充、宜宾、广安、达州、资阳、眉山、巴中、雅安市。

③　"北大法宝"法律信息数据库是由北京大学法制信息中心与北京北大英华科技有限公司联合推出的智能型法律信息数据库，包括法律法规数据库、司法案例数据库、法学期刊数据库、法规案例英文译本数据库。数据库收录了 1949 年至今 48 万多篇法律文件（数据不断更新中），涵盖了法律和法学文献资源的各个方面，是目前收录内容最全面的法律专业数据库之一。

一、府际协作关系原始数据

所谓关系，是指群体成员间某种类型的联系的集合①。关系型数据即是对社会实体之间关系进行测量的数据，是关于接触、关联、联络、群体依附和聚会等方面的数据。这也是该类型的数据不同于一般社会与行为科学数据之处。本书所研究的主要内容是大气污染治理中的府际协作关系，因此，协作关系数据是这里使用的主要数据类型。地方政府间的协作关系通过彼此互动得以体现。如前所述，协作关系既可以是正式的，也可以是非正式的，根据权威类型的介入程度，可以划分为由上级权威介入的和无上级权威介入的。本研究在界定某一协作类型是否有上级权威介入时，主要看该规则的制定或组织机构的形成是自愿性的，还是有更高层级政府直接指示或命令授权；界定某一协作类型是否正式，主要看该规则是否签订了正式的合作文本，而组织则是看其是否有稳定的事务处理或协调机构，如是否成立办公室、配置有专门工作人员等。这里主要包括了上级政府批示或发布的区域性法律、政策或标准，合作协议、合作备忘录、合作宣言、共同声明，有中央或省政府介入的领导小组或者工作委员会等，由地方政府自愿成立的协作组织，地方政府领导人之间开展的座谈会、学习考察等。

由于收集数据数量较大，且难以从各个地方政府取得其历年与其他地方政府开展的协作行动、签订的协作协议、互访情况等信息，因此我们主要通过权威媒体收集地方政府大气污染治理协作的相关新闻文本。第一步，找到所有府际大气协作相关的报道，依次从中央政府—省（市、区）政府—地级市政府官方网站的高级检索功能，以"大气/空气/蓝天""环境""协作""合作""联席""区域名称/区域内都市圈名称/城市名称"② 等与大气污染治理及府际协作治理有关的关键词，所有关键词之间的关系是"AND（和）"的关系，时间范围限定在2008年1月1日至2018年11月30日，然后进行检索。其次，按照上述方法从各城市日报上进行检索。根据不同区域名称及城市名称，总共进行了1280次（京津冀地区440次，长三角区域328次，珠三角地区256次，成渝城市群256次）检索。第二步，对收集到的数据进行清洗。在检索结果中，按相关性从高到低排序，并对每条检索结果进行人工挑选，剔除掉同一媒体重复报道、不涉及样本城市或区域的报道、不属于研究时间范围的报道，使之符合研究样本条件，最后得到2883个高度相关文本。第三步，剔除那些未涉及大气协作的报道，以及不同

---

① 斯坦利·沃瑟曼，凯瑟琳·福斯特：《社会网络分析：方法与应用》，陈禹等译，北京：中国人民大学出版社，2011，第14页。

② 这里所指的区域名称包括京津冀地区、长三角地区、珠三角地区、成渝城市群，各区域城市群的曾用名，如环渤海经济区、成都平原城市群，以及区域内相对较小的城市群，如杭州都市圈、南京都市圈、苏锡常都市圈、宁波都市圈、合肥都市圈、广佛肇、珠中江、深莞惠等。

媒体对同一协作信息的重复报道，最后京津冀地区、长三角区域、珠三角地区、成渝城市群分别剩下 164、126、97、49 条，共 436 条报道。

随后围绕 436 篇报告对各城市参与大气治理的协作行为进行编码，编码文本框包括协作内容、协作主体、协作时间、协作城市数量等 13 个维度，具体见表 4-1。对于原始文本的编码是为了使数据内容结构化，便于提取更丰富的研究数据，进而实现研究目的。因此，我们还需要进一步处理编码后的文本数据。

表 4-1　关系型数据编码文本表

序号	编码结构	编码内容
1	编号	从 1 开始的自然数集
2	协作内容	对协作内容概括总结
3	协作时间	按年/月/日格式记录
4	协作主体	在协作行动中涉及的所有主体
5	主动者	主动向一个或多个主体发起协作关系的主体
6	被动者	协作关系的接受方
7	协作城市数量	区域内参与协作的城市数量
8	协作规模类型	双边活动、多边活动、全体活动，分别编码为 1、2、3
9	参与协作城市占区域城市总和的百分比	参与协作城市数量/区域城市总数
10	关系标签	上级批示或发布的区域性法律、政策或标准，合作协议、合作框架协议、合作备忘、共同声明、宣言，有中央或省介入的领导小组或者工作委员会、协作机制，平等的、自愿性组织，座谈会、学习考察等
11	协作类型	规则协议、互助协议、委托协议、共识、规制型委员会、协商型委员会、管制、临时联席，分别编码为 R1、R2、R3、R4、O1、O2、O3、O4
12	上级权威层级	无上级权威介入，记为 0；省级职能部门，记为 1；省级政府，记为 2；国家部委，记为 3；国家级，记为 4
13	是否涉及区域之外的行动者	是，记为 1；否，记为 0

二、网络数据的编码与量化

在对原始数据进行进一步处理之前，我们需要对网络数据所涉及的一些重要概念进行说明。在前面，我们已经知道关系是行动者之间的联系。而这种关系可以有多种表现形式。首先，行动者之间的关系可分为一元关系和多元关系。在本研究中，除了关注区域地方政府之间的协作关系外，还会考虑上级权威的介入情况及其产生的不同治理模式，因此还会涉及纵向政府间的行政隶属关系。其次是关系的测量。由于关系的存在，带来了大量的测量问题，包括观察单位、建模单位以及关系的量化。观察单位是指测量所基于的实体。本研究中，因研究内容的不同，我们将观察单位分为三种：一是单个城市政府，二是两两城市政府或上下级政府形成的行动者对，三是各政府所参与的协作事件或组织，即从属网络中指的事件。而基于不同的观察单位，可以产生不同的建模单位，包括行动者、二元组、子群、网络等，在本研究中则主要是单个城市政府、协作的两个地方政府、由多个地方政府组成的紧密联系的子群、整个行动者集合等。在对关系进行量化时有两个非常重要的属性，一是关系是有向的还是无向的，二是关系是二分的还是多值的。在有向关系中，每一对行动者之间的相关联系都有发出者和接收者；在无向关系中，行动者之间的联系是没有方向的。二分关系是指两个行动者之间的关系只有存在与否；多值关系则能够表征两个行动者之间关系的强度。组合形式见图 4-1。

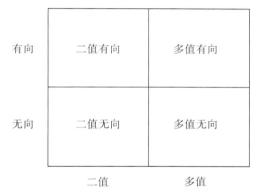

图 4-1 网络关系量化类型组合①

在社会网络分析中，研究者们普遍使用"模式"一词来表示结构变量所测量的实体来自不同集合的数量②。最普遍的网络类型是单模网络（one-mode network，即 1-模网络），其次是双模网络（two-mode network，即 2-模网络），还有多模网络。由于研究限度，本书仅探讨单模网络和双模网络。单模网络是指由一个行动者集体内部各个行动者之间的关系构成的网络，本书中则是指区域内城市政府彼此协作而产生的关系集合。单模网络既可以是有向的，也可以是无向的；既可以是二值的，也可以是多值的。因此，为了更大程度地保留数据信息，先将单模网络保存为有向多值数据，在需要具体类型分析时再对其进行二分处理（Dichotomize）或对称处理（Symmetrize）。需要注意，在中国城市行政

① 资料来源：作者自制。
② 斯坦利·沃瑟曼，凯瑟琳·福斯特：《社会网络分析：方法与应用》，陈禹等译，北京：中国人民大学出版社，2011，第 21 页。

层级体系中，较高行政层级的城市不仅享有资源配置的优势，同时也被赋予更多的政治任务和协调多个地方政府间合作的任务。在以经济增长为主要考核目标的背景下，大气污染治理工作对地方官员来说意味着相对较低的投资回报率，因此地方官员普遍具有较低的协作意愿。在区域府际协作中，除了中央及省级政府通过签订目标责任书等方式下达治理指标外，还利用城市行政等级这一制度，由行政层级高的城市牵头协调，如京津冀地区由北京、天津牵头，长三角区域由上海牵头。如果是遵循这样的隐性原则处理数据，最后得到的结果无疑是城市行政级别决定其在协作网络中的位置和权力，存在自证的嫌疑。因此，在构建有向关系矩阵时，对本书中明确提到由某一政府发起成立协作组织或签订协议的，视其为关系的发出者；在没有明确提到时，则界定二者之间为双向关系。

双模网络指由一类行动者集合与另一类行动者集合之间关系构成的网络[1]。同样，双模数据也有有向与无向，二值与多值之分。双模数据一般用长方形矩阵来表示，可将其转换为两个单模数据，或两个1-模矩阵。有一类特殊的双模网络被称为"隶属网络"。如果一个行动者集合（模态）为"各个行动者"，另一个行动者集合（模态）为这些行动者所"隶属"的事件集（比如市长联席会），则称这样的双模网络为"隶属网络"（Affiliation Network）。也就是说，隶属网络数据中的两个模式是行动者和事件。隶属于某个隶属变量的行动者子集是参与某一个特定事件的行动者的集合[2]。在本研究中，需要研究不同协作类型中地方政府的参与情况，也就是哪些地方政府倾向于参与何种形式的协作，因此，有必要构建按协作类型划分的从属变量。从前一部分的分析知道，协作类型划分为了8种类型，在隶属网络数据的处理中，对每一类协作类型进行单独编码[3]，此为事件集；而行动者集则是各政府单元。见表4-2，列为事件集，行为行动者集。

表4-2　隶属网络数据示例

	R11	R12	R13	O11	R12	R13	……
SH	1	1	1	1	1	1	
JS	1	1	1	1	1	1	
ZJ	1	1	1	1	1	1	
……							

① 刘军：《整体网分析》，上海：格致出版社，2014，第5页。

② 斯坦利·沃瑟曼，凯瑟琳·福斯特：《社会网络分析：方法与应用》，陈禹等译，北京：中国人民大学出版社，2011，第22页。

③ 本研究中的协作类型分为规则协议、互助协议、委托协议、共识、规制型委员会、协商型委员会、管制、临时联席，分别编码为R1、R2、R3、R4、O1、O2、O3、O4。在对每一事件进行编码时遵循如下原则，举例说明：如果长三角地区在大气污染治理方面的规制性协议有20个，那么从小到大分别编码为O11、O12、O13、O14、…，O20。

第三节　指标选取与统计方法说明

一、被解释变量

本研究的主要被解释变量包括两个，一是府际协作关系，二是府际协作网络结构。

（一）府际协作关系

在这里，府际协作关系表示区域内城市之间围绕大气污染联防联控的行动而形成的协作关系。需要说明的是，协作关系形成的基础是成员个体为了协作而发出的行动，因此协作关系的讨论必然以协作行为作为基础。各城市之间的协作关系有强弱之分，协作关系强度越大，其取值越大。该变量为关系型矩阵。

（二）府际协作网络结构

此处的府际协作网络结构是指区域内城市间围绕大气污染协作形成的具有一定稳定性的关系结构。各成员城市在区域大气协调治理网络中处于不同的位置，拥有不同的权力、资源和影响力。通过对网络结构中成员个体及整体的个体网指标及整体网指标来刻画。

二、解释变量

（一）城市属性特征

根据前面的分析，区域大气协作治理的各个城市主体在自然、社会、经济和政治等层面上具有一定差异性，是影响府际协作关系、网络结构特征、协作模式的重要因素；并且不同区域的异质性特点也不同，导致不同区域协作的差异化模式和运作机理。为此，我们构建了城市属性特征指标体系，以此来评价区域内部城市间差异以及区域整体的异质性，并作为解释城市间协作关系、协作网络的重要变量。

为了确保指标选取的科学性，首先基于研究内容和已有文献资料，选取了初步的操作化指标；其次，采用专家征询的方法，与大气府际协作治理领域的有关专家进行讨论，在部分指标的选取上进行了修改，最终达成共识，见表4-3。

经济发展水平主要是对地方经济总体情况、经济结构等的描述，也反映其是否有充足财政投入到大气污染治理等环境问题的解决上来。锁利铭在对京津冀地区和长三角区域城市群环境协作治理的行为和结构研究中，用人均 GDP 指标来

反映经济发展的总体水平，用人均地方财政一般预算内支出反映其财政能力[1]。产业结构方面，选取第二产业增加值占 GDP 比重这一指标来实现操作化，该指标反映了第二产业对地方经济增长的贡献率，而第二产业是大气污染物的主要来源。

在环境属性方面，参考其他研究者的指标设立，选择单位 GDP 的二氧化硫排放量作为操作化指标[2][3]，表示经济发展与大气污染之间的关系，从一定程度上反映城市政府大气协作行为的动机。地理位置的邻近程度不仅使得相近地区之间面临相似的环境问题，彼此之间互动的增多又可能降低交易成本，是影响城市政府间协作的重要因素。因此，用两个城市间是否临近作为地理位置因素的表征指标。

社会发展水平的表征如城镇化率、人口密度等因素，是影响城市政府加入集体行动的重要动机[4]。城镇化率包括人口城镇化、经济城镇化、地理空间城镇化和社会文明城镇化等多个维度。前面已经讨论过经济发展水平对环境的影响，且考虑到数据的全面性和可获取性，本书在社会发展水平方面选择人口城镇化率作为其操作化指标。本书认为各城市在人口结构[5]上的差异性是影响地方政府在大气污染治理中协作态度、行为和关系的重要因素。

中国特有的城市行政层级体系，使得不同层级的城市拥有差异化的资源获取和支配能力[6]，在区域性公共事务的处理中往往起着不同的作用，同样也表现在区域大气治理中的协作行为选择上。锁利铭将行政层级作为城市政府能力的重要衡量指标[7]。本书认为，中国城市行政层级的设置不仅是一项重要的行政制度，还是协调平衡地方权力关系、调节央地关系的重要政治制度。高行政层级城市的领导往往作为上级党委机构的重要成员，在落实上级党政任务时比低层级城市领导人有更多的责任，更倾向于做出与上级党政机构意图一致的行为选择。同时，行政层级较低城市的领导更愿意与更高行政层级城市互动，倾向于同意或遵从后者的合作方案，进而建立与其主要领导间的关系。因此，本书将行政层级作

① 锁利铭：《跨省域城市群环境协作治理的行为与结构——基于"京津冀"与"长三角"的比较研究》，《学海》2017 年第 4 期。

② Yi H，Suo L，Shen R，et al，"Regional Governance and Institutional Collective Action for Environmental Sustainability," *Public Administration Review* 3（2017）：556—566.

③ 在环境属性指标的操作化方面，诸如绿地覆盖率等均可以，但是考虑数据的全面性和可获得性，最后选择单位 GDP 的二氧化硫排放量。

④ 与②同。

⑤ 这里为"城市常住人口/城市总人口"。

⑥ Ye L，"Regional Government and Governance in China and the United States,". *Public Administration Review* 69，no. sl（2010）：S116—S121.

⑦ 锁利铭：《跨省域城市群环境协作治理的行为与结构——基于"京津冀"与"长三角"的比较研究》，《学海》2017 年第 4 期。

为反映政治制度嵌入城市间关系结构的重要变量。

为了保证统计数据口径的连贯性和一致性，四个区域的指标均采用 2008 年至 2016 年的均值数据，包括财政支出、人均 GDP、二产占比、SO_2/GDP 和城镇化率。为了比较不同指标的影响，去除数据的单位限制，本书采用 Z-score 法将其转换为无量纲的纯数值，达到标准化的目的。城市属性异质性使用变异系数（Coefficient of Variation，即标准差与平均数的比值）。

表 4-3　城市属性特征指标体系[①]

解释维度	操作化指标
财政能力	人均地方财政一般预算内支出（以下简称"财政支出"）
经济水平	人均 GDP
产业结构	第二产业增加值占 GDP 比重（以下简称"二产占比"）
环境属性	单位 GDP 的二氧化硫排放量（以下简称"SO_2/GDP"）
社会发展	人口城镇化率（简称"城镇化率"）
地理位置	地理邻接性
政治属性	城市行政层级（以下简称"行政层级"）

（二）城市间已有关系网络

社会网络理论认为，行动者之间的频繁互动反映了关系性嵌入的直接效果。顾名思义，城市间已有关系网络是指城市之间基于经济、社会、政治等方面的联系而形成的关系网络。这种已有的关系网络会嵌入在地方政府的行为选择之中，进而影响其协作决策过程和协作结构。这里指各区域内城市之间，由除了大气污染治理协作关系之外的其他互动关系形成的网络。该变量为关系型矩阵。

三、统计方法说明

本书所使用的主要统计方法可以分为两大类，一是社会科学中经常使用的多元回归分析法，二是社会网络分析法（SNA）中的 QAP 法（Quadratic Assignment Procedure，即二次指派程序）。读者对前一种方法都较为熟悉，故不在此赘述。下面主要对 QAP 法进行介绍。

QAP 是研究关系之间关系的特定方法，是一种对两个方阵中各个元素的相似性进行比较的方法，即它对方阵的各个元素进行比较，给出两个矩阵之间的相关系数，同时对系数进行检验，它以对矩阵数据的置换为基础[②]。

---

① 资料来源：作者绘制。

② 刘军：《整体网分析讲义：UCINET 软件实用指南（第二版）》，上海：格致出版社，2014，第 331 页。

对于同一个群体来说，可能存在多种关系，比如"朋友关系""咨询关系""情侣关系"等。如图 4-2 所示，朋友关系中 1 代表是朋友，0 代表不是朋友；建议关系中 1 表示存在建议关系，0 表示不存在。可以看到，各个观察值之间不是相互独立的，因此用标准的统计程序就无法对其进行参数估计和统计检验，否则会计算出错误的标准差。统计学家们通过随机化检验（randomization test）方法来解决这一问题，QAP 即属于这种方法。QAP 相关性分析可以分为三步：首先，计算要检验的两个矩阵之间的相关系数；其次，对其中一个矩阵的行和相应的列进行随机置换，并计算置换后的矩阵与另一个矩阵之间的相关系数，将这一过程重复几百次甚至上千次；最后，比较第一步中的相关系数与随机重排计算出来的相关系数的分布，观察相关系数是否落入拒绝域，从而判断两个已知矩阵之间的相关性是否在统计意义上显著。

除了对两个矩阵之间的相关性进行检验外，还可利用 QAP 回归分析研究多个矩阵和一个矩阵之间的回归关系，并对判定系数 R 方的显著性进行评价。其计算步骤与 QAP 相关分析类似，这里不再赘述[1]。该程序要求所有变量必须是 1-模矩阵。QAP 相关分析和回归分析均可在 UCINET 统计软件中实现[2]。

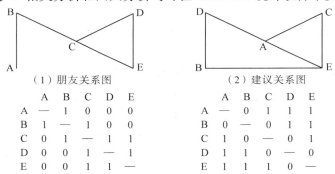

图 4-2　朋友关系矩阵和建议关系矩阵[3]

_____

① QAP 多元回归的步骤：一是针对自变量矩阵和因变量矩阵对应的长向量元素进行常规的多元回归分析；二是对因变量矩阵的各行和各列同时进行随机置换，重新计算回归，保存所有的系数值及判定系数 R 方。重复这个步骤几百甚至几千次后，估计统计量的标准误。

② Borgatti, S P, Everett, M G and Freeman, L C, "Ucinet for Windows: Software for Social Network Analysis," Harvard, MA: Analytic Technologies (2002).

③ 资料来源：刘军：《整体网分析讲义：UCINET 软件实用指南（第二版）》，上海：格致出版社，2014，第 331 页。

第四节 描述性统计分析

一、大气府际协作网络的中心性

（一）中心性指标说明

在社会网络学者看来，社会行动者的权力因与他者之间的依存关系而存在。以往有关权力的研究大多是定性的，而社会网络分析从关系角度出发，利用"中心性"相关指标对权力进行量化，对权力的认识具有跨越式的进步意义。

"中心性"是社会网络分析的研究重点之一[①]，包括测量个体在整个网络中权力的中心度，以及网络整体权力集中程度的中心势[②]。为了全面刻画区域大气污染治理中各行动者在其中的作用情况，本书将中央政府（包括党中央和国务院）、国家部委、省（市、区）政府纳入协作网络，因此该网络既可能是平面性的，也可能是层级性的，视网络中参与者的协作情况而定。下面主要利用度数中心度、中间中心度、接近中心度以及相应的中心势指数，来对京津冀地区、长三角区域、珠三角地区、成渝城市群的大气污染治理政府间协作关系网络进行描述性分析。

一个点 n_i 的临接点的个数称为该点的"度数"（nodal degree），记作 $d(n_i)$。度数中心度是测量行动者中心性的基础指标之一。行动者 x 的度数中心度（point centrality）可以分为绝对中心度和相对中心度两类。

绝对中心度是与点直接相连的其他点的个数，与之相连的点越多，其度数中心度越高。由于度数测量的是与该点直接相连的点数，因此，这类中心度可以被叫做"局部中心度"（local centrality）。在有向关系的点度中心度可以分为两种，即点入度（in-centrality）和点出度（out-centrality）。我们用 C_D 代表绝对中心度，那么，一个点的绝对度数中心度的表达式为：

$$C_D(n_i) = d(n_i) = \sum_j x_{ij} \sum_j x_{ij} = \sum_j x_{ji} \quad \cdots\cdots\cdots\cdots (4.1)$$

为了能够比较不同规模图中点的中心度，研究者构建了相对点度中心度，即点的绝对中心度与图中点的最大可能的度数之比。无向图中某点的相对点度中心度的表达式为：

$$C'_D(n_i) = \frac{d(n_i)}{N-1} \quad \cdots\cdots\cdots\cdots\cdots\cdots (4.2)$$

[①] 刘军：《整体网分析讲义：UCINET 软件实用指南（第二版）》，上海：格致出版社，2014，第 126 页。

[②] 早期有关点的中心度（centrality of point）和图的中心势（centralization of a graph）两个概念常常令人难以区分。后来斯科特（Scott，2013：83）将"中心度"用来指示点的中心度，而"中心势"用来指示作为一个整体的图的中心度，从而消除了对二者的混淆。

有向图中某点的相对点度中心度的表达式为：

$$C'_D(n_i) = \frac{d_i(n_i) + d_o(n_i)}{2(N-1)} \quad \cdots\cdots\cdots\cdots\cdots\cdots (4.3)$$

上面是网络中点的中心度。除此之外，我们还关心不同的网络图是否有不同的中心趋势。当一个网络图中点的点度中心度差异很大时，该图就具有较大的中心势。图的中心势为网络中最核心点的中心度和其他点的中心度的差值总和，与最大可能的差值总和之比。该取值介于 0 和 1 之间。其计算公式为：

$$C_D = \frac{\sum_{i=1}^{n}(C_{D\max} - C_{DI})}{\max\sum_{i=1}^{n}(C_{D\max} - C_{DI})} \quad \cdots\cdots\cdots\cdots\cdots (4.4)$$

刻画网络中个体中心度的另一个重要指标是中间中心度（betweenness centrality），它测量的是行动者对资源控制的程度。中间性的概念是林顿·C·弗里曼根据"地方依赖性"概念提出的[1]，后来罗伯特·伯特提出的"结构洞"概念又对此做了解释[2]。假设一个点对（pair of points）X 和 Z 之间可能存在 n 条捷径。一个点 Y 相对于点 X 和 Z 的中间度值是该点处于此点对的捷径上的能力[3]。

假设点 j 和 k 之间存在的捷径数目用 $g_{ik} \, g_{jk}$ 来表示。$B_{ik}^{(i)} \, b_{jk}(i)$ 表示点 ii 处于点 jj 和 kk 之间的捷径上的概率。点 j 和点 k 之间存在的经过点 i 的捷径数目用 $g_{ik}^{(i)} \, g_{jk}(i)$ 来表示。

$$b_{jk}(i) = g_{jk}(i) \, / \, g_{jk} \quad \cdots\cdots\cdots\cdots\cdots\cdots\cdots (4.5)$$

点 i 的绝对中间中心度记为 C_{Bi}，

$$C_{Bi} = \sum_{j}^{n}\sum_{k}^{n} b_{jk}(i) \quad \cdots\cdots\cdots\cdots\cdots\cdots (4.6)$$

$j \neq k \neq i$，并且 $j < \kappa$。那么，点 i 的相对中间中心度（记为 C_{RBi}），计算公式为 $C_{RBi} = 2C_{Bi} / (n^2 - 3n + 2)$，取值范围为 0 和 1 之间，取值越大，表明该点越处于网络的核心，对其他点的控制力越强。点的相对中间中心度可用于比较不同网络图中点的中间中心度。如果测量整体网络的中心势，可利用中间中心势指数[4]，其表达式为：

$$C_B = \frac{\sum_{i=1}^{n}(C_{RB\max} - C_{RBi})}{n-1} \quad \cdots\cdots\cdots\cdots\cdots (4.7)$$

如果一个点越是与其他点接近，那么该点在传递信息方面就更加容易，也更

---

① Freeman, Linton C, "Centrality in social networks : Conceptual clarification." *Social Network*, 1.3 (1979)：215−239.

② ［美］罗纳德·伯特：《结构洞：竞争的社会结构》，任敏，等译，上海：上海人民出版社，2008.

③ 刘军：《整体网分析讲义：UCINET 软件实用指南》，上海：上海人民出版社，2009，第 100 页。

④ 另外还有线的中间中心度，计算方法同点的中间中心度类似，此处省略。

可能处于网络的中心位置。一个点的接近中心度（closeness centrality）是一种针对不受他人控制的测度，表示为该点与图中所有其他点的捷径距离之和。接近中心度的值越大，该点越不是网络的核心点，其在信息资源、权力、声望等方面的影响力越弱。

其绝对接近中心度的表达式为

$$C_{P_i}^{-1} = \sum_{i=1}^{n} d_{ij} \quad\cdots\cdots\cdots\cdots\cdots\cdots\cdots\cdots\cdots \text{（4.8）}$$

那么相对中心度为

$$C_{RP_i}^{-1} = \frac{C_{P_i}^{-1}}{n-1} \quad\cdots\cdots\cdots\cdots\cdots\cdots\cdots\cdots\cdots \text{（4.9）}$$

如果要对某一个图的总体接近中心势进行测量，我们需要构建接近中心势指数（closeness centralization）：

$$C_C = \frac{\sum_{i=1}^{n}(C'_{RC\max} - C'_{RCi})}{(n-2)(n-1)}(2n-3) \quad\cdots\cdots\cdots\cdots \text{（4.10）}$$

根据定义我们知道，接近中心度的计算公式只有在连通图中才是有效的，而我们使用的数据并不满足该条件，因此此处主要通过点度中心性和中间中心性指标对网络的中心性进行分析，而不再计算其接近中心度相关指标。

（二）各区域协作网络中心性

1. 京津冀地区。

利用京津冀地区从 2008—2018 年大气府际协作的有向数据，采用 Freeman 中心度测量方法，得到京津冀地区历年的标准化中心度。在有向关系中，根据点度数的相关思想，我们认为点出度值越大，其代表的行动主体的协作意愿也更强，在协作网络中发挥的作用越大。如图 4-3 所示，京津冀地区大气府际协作网络点度中心度的均值和总数总体上呈上升趋势[1]，表明该网络中行动者的活跃度及联系密切程度随着时间推移越来越高。

图 4-4 显示了京津冀地区部分政府历年点度中心度的差值变化。纵向来看，中央政府及部委的历年点度中心度差值[2]均为正，表明中央政府在该区域大气治理中扮演着府际协作的发起者和协调者的角色。从省（市、区）一级层面来看，其历年点度中心度差值基本为负，表明其更多地是作为中央政府发起的区域大气污染协作治理任务的执行者，而相对较少地扮演协作关系发起者的角色。

对于区域内大多数城市政府而言，其历年点度中心度差值为正，但并不能简

---

① 由于数据搜集时间的原因，2018 年的协作数量并非完整的，故在此呈现出一定程度的下降趋势。

② 因本部分使用的是有向数据，其点度中心度存在点入度（InDegree）和点出度（OutDegree）。为了比较各政府在网络中的协作情况，构建了点度中心度差值＝点出度—点入度。

单地解读为它们在协作关系中都积极主动①。结合各自的点入度和点出度来看，如点入度为 0，那么其点出度值表示的仅仅是与本省政府之间的联系强度，并没有与其他省的城市政府发生直接协作关系；在点出度大于 0 的情况下，如果差值大于 0，则表示该城市政府相较于被动接受省政府任务外，还主动与其他城市政府建立协作关系。如图 4-4 所示，无论是省级政府层面，还是城市政府层面，其点入度和点出度之间差值的绝对值都倾向于越来越小。这表明，就同一层级政府而言，都正在逐渐改变原有的被动协作状态，而倾向于主动建立协作联系，共同治理区域大气污染问题。环保部等部委始终在该区域处于主动协调的状态；另外党中央、国务院的介入程度也随着时间推移而逐渐增加。以 2013 年、2018 年为两个重要的时间节点为例。在 2013 年时，国务院发布"大气十条"，标志着中央层面强力推进区域大气污染治理的开始；2018 年，大气污染治理五年到期，除了珠三角地区达到预期目标外，其他几大区域面临的污染问题依旧严峻，京津冀地区尤为严重。为此，中央政府出台了更为有力的攻坚行动计划。

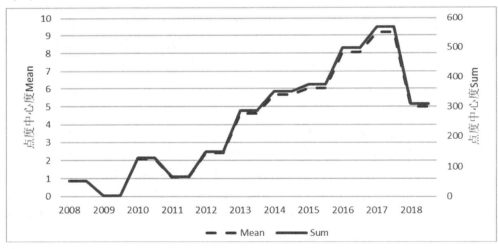

图 4-3　京津冀地区历年点度中心度的描述性统计

---

① 在构建有向关系矩阵时，如果省级政府参与了协作，则视其所属城市政府参与了协作，但并不是与其他省各层级政府发生联系，而是主动与本省政府建立联系。

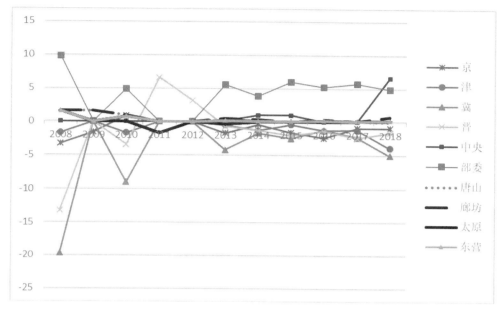

图 4-4　京津冀区域各政府历年点度中心度差值变化示例①

从表 4-4 我们可以看到，在中央层面，国务院部委的历年排名都比较靠前；省级政府层面，北京市、天津市、河北省三地属于协作网络核心成员，其次是山西省、山东省、内蒙古自治区，而河南省作为 2015 年加入区域协作网络的主体，主动参与协作的数量排名相对靠后。在 2010—2014 年的排名中可以看到，山西省所属的四个城市太原、大同、朔州、忻州排名在所有地级市中靠前，其原因是山西省政府从 2010 年开始就实施了省会城市群的区域大气联防联控计划。山东省则是从 2013 年开始，围绕省会城市济南开展了省内的区域大气联防联控行动。河北省主动发起协作较多的城市包括承德、张家口、秦皇岛、唐山、保定、廊坊等，其共同特点之一就是在地理位置上与北京市、天津市接壤，属于京津冀地区大气污染协作的核心区域。

表 4-4　京津冀地区历年点出度排名②

年份	点出度排名（由高到低）
2008	部委、京、青岛，其他城市持平
2009	唐山、承德、廊坊

①　由于篇幅原因，此处仅选取京津冀地区各层级政府有代表性的几个政府的协作点度中心度差值作图。所有城市的历年中心度信息见附录 A。

②　资料来源：作者根据计算出的点度中心度结果整理。这里仅列出点出度大于 0 的主体。

年份	点出度排名（由高到低）
2010	太原、大同、忻州、朔州、北京、阳泉、长治、晋城、部委、唐山、河北、秦皇岛、张家口、承德、津、晋、廊坊，其他城市持平
2011	晋、太原、大同、朔州、忻州
2012	太原、大同、朔州、忻州、山西
2013	晋、鲁、部委、京、津、冀、蒙、太原、大同、朔州、忻州、山东省会城市群、秦皇岛、廊坊，其他城市持平
2014	京冀津、部委、晋、鲁、蒙、中央、太原、大同、朔州、忻州、廊坊、保定、张家口、承德
2015	津、京、部委、冀、鲁、蒙、豫、中央、山东城市群、沧州
2016	山东城市群、部委、冀、京、津、石家庄、唐山、邯郸、邢台、保定、沧州、廊坊、衡水、晋、蒙、豫
2017	津、京、冀、鲁、部委、豫、晋、河南重点城市、山东省会城市群
2018	中央、晋、京、冀、津、部委、鲁豫蒙、廊坊、保定、张家口、承德，其他城市持平

　　就历年京津冀地区大气府际协作治理的整体网络中心性指数来看，对称化处理后的整体协作网络的中心势指数变化趋势与出度中心势变化趋势基本重合。而三类指标总体上都呈稳定下降的趋势，也就是网络中点的点度中心度差异越来越小，表明整体网络在总体上表现出由高度中心性向多中心甚至无中心的扁平网络结构转变。

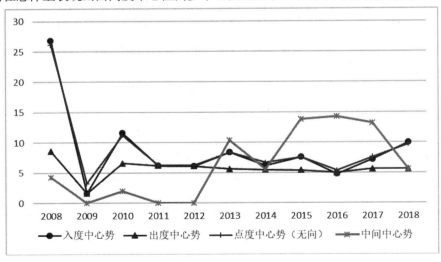

图 4-5　京津冀区域大气治理府际协作网络中心势指数趋势图①

---

①　资料来源：作者根据相关中心指数绘制。

从表 4-5 所示的中间中心度①来看，京津冀地区大气污染治理的府际协作网络经过 11 年的发展，格局相对稳定。中间中心度排名靠前的主要为省级层面政府，也就是说作为城市政府的直接上级政府，省政府对于各城市之间在大气污染治理方面的协作有较强的控制能力，是促成协作的主要力量。这与我国行政权力结构是一致的，各省（市）负责管理、协调本辖区地方政府活动，尤其是当面对跨界发展型治理任务②时，更高层级政府的介入可能有助于降低协作成本，是目前区域大气污染治理中协调地方政府行动的主要方式。在城市层面，北京、天津、承德、廊坊、沧州、邢台、聊城、新乡、呼和浩特、包头、南阳的中间中心度较高。也就是说，在整个城市层面的协作网络中，具有较强资源控制能力的行动者以京津冀地区核心成员城市为主。这可能与京津冀核心地区在国家区域发展战略中的重要地位，以及中央权威的高度介入等因素有关。

表 4-5　京津冀地区大气府际协作网络的中间中心度分析③④

时间	中间中心度排名（由高到低）
2008	京、部委、鲁、冀、晋、蒙
2009	承德
2010	京、冀、部委、津、晋、鲁、蒙、唐山
2011	无
2012	无
2013	鲁、晋、冀、京、蒙
2014	晋、鲁、京、冀、蒙、部委、廊坊
2015	鲁、豫、冀、津、晋、京、沧州、蒙
2016	冀、豫、邢台、聊城、新乡、京、晋、蒙
2017	京、津、蒙、豫、部委、南阳、呼和浩特、包头、冀、晋、鲁、廊坊
2018	晋、鲁、豫、冀、蒙、津、京、廊坊

图 4-6 选取了京津冀地区部分年份的大气府际协作关系网络予以可视化。图中，方形表示协作网络中的行动者，即各级协作政府；线段表示两两行动者之间

---

① 我们利用弗里曼中间中心性的测量方法对各样本区域的协作网络中心性进行分析。由于该计算程序处理的是二值数据，因此需要先对各区域的多值有向关系矩阵进行二值化处理，再进行中间中心度的计算。后文针对长三角地区和珠三角地区的中间中心度数据预处理也采用此方法。
② 这里是指为了实现可持续发展而进行的公共治理任务，如环境保护。
③ 注：未列入行动者的中间中心势为 0。
④ 资料来源：作者根据 UCINET 程序计算结果绘制。

的联系，线条的粗细表示二者之间协作关系的强弱程度①。通过该网络图更加直观地看到，随着时间推移，中央政府的介入程度越来越高，网络中相互连接的行动者数量逐渐增加，并形成了相对稳定的网络结构。另外，京津冀地区核心城市之间的互动最为频繁，而非区域核心城市的成员与外省（市）城市之间的联系主要是通过本省政府建立，而其与城市层面的协作主要为省内城市，如山东省会城市群、山西省会城市群。

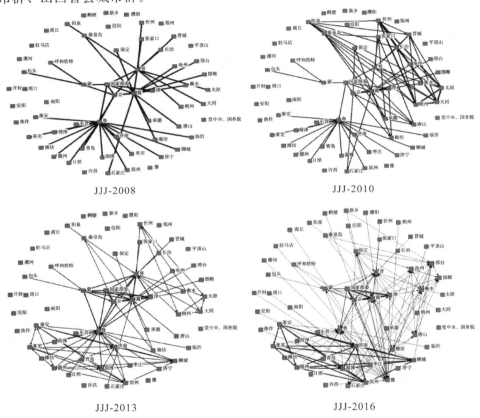

图 4-6　京津冀地区大气府际协作关系网络图（部分年份）②③

2. 长三角区域。

我们利用根据原始资料构建的长三角区域大气府际协作关系有向矩阵数

---

① 同样适用于后文中长三角区域、珠三角地区和成渝城市群大气污染治理的府际协作网络可视化图。

② 资料来源：作者利用 Netdraw 绘制。

③ 注：由于篇幅限制，此处仅列出部分年份的关系网络图，其他年份的请见附录 B。

据①，分析了包括中央部委、三省一市省级政府及其所辖城市在内的共 44 个节点的点度中心度差值变化情况，如图 4-7 所示。从纵向来看，省（市）层级历年的点度中心度差值均为负数或 0，即点入度大于点出度，且其绝对值随着时间推移呈螺旋式上升的趋势，表明参与区域大气协作行动者的数量越来越多，而这种增长一方面可能是由于中央政府部门的协调，另一方面也可能是其作为中间层级政府，为所辖城市政府与其他省市政府建立联系的桥梁功能所致。其中，上海市的差值绝对值始终小于 3，其点入度与点出度值总体呈增长态势，并基本保持平衡。对于各城市政府来说，绝对点入度和点出度值都有显著增加，差值变化相对较小，从某种程度上表明该区域各城市间的协作越来越密切。

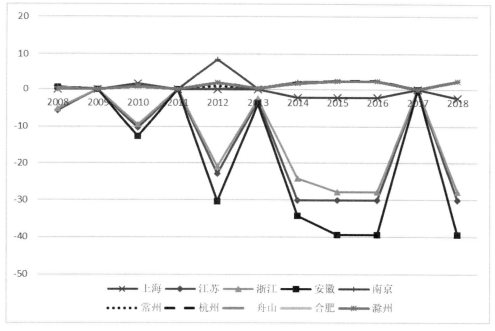

图 4-7　长三角区域协作主体历年点度中心度差值变化趋势图（部分）②③

与京津冀地区不同的是，我们发现长三角区域的历年大气治理府际协作网络中心势指数（见图 4-8）呈上升趋势，其原因在于：在中央以长三角区域为开展大气污染联防联控的重点区域之前，区域内的各都市圈内城市政府之间就开始了

---

①　长三角地区大气有向关系矩阵，选取的是该区域有关大气污染治理府际协作方面的事项。如果是建立的持久性的联席会议，则从其起始年开始，每年所召开的会议计入当年协作数量中。另外，官方文件出现的长三角区域在大气污染治理的协作省（市）只包括上海、江苏、浙江和安徽，目前为止，江西只有在 2016 年乌镇世界互联网大会时参加了协作。因此，多重考虑后，不纳入江西作为分析最为恰当。

②　资料来源：作者根据相关中心度指标绘制。

③　由于篇幅原因，此处仅选取长三角地区各层级政府有代表性的几个政府的协作点度中心度差值作图。所有城市的历年中心度信息见附录 A。

协作，这种协作更多的是平等自愿的，上级权威介入的程度较低；而从 2013 年开始，随着区域协作规模的扩大，协作难度和成本都开始上升，进而需要更高层级政府介入协调，包括代表中央权威的国家部委和作为中间层级的省（市）政府，这使得整体网络的中心度提高，也就是说某几个行动者扮演着更为有影响力的角色。

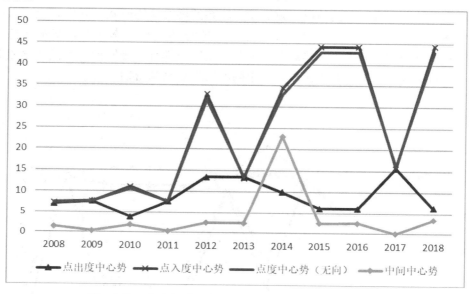

图 4-8 长三角大气治理府际协作网络中心势指数趋势图①

根据长三角区域历年点出度统计排名分析（见表 4-6），可以进一步看到：2008—2011 年期间，省级层面的大气协作主体主要为江苏、浙江、上海两省一市，且其主动发起协作关系的次数并不多。城市层面则主要以杭州都市圈、浙东经济区和南京都市圈各自内部协作为主。从 2012 年开始，安徽省政府加入区域大气污染治理的府际协作网络中，形成了三省一市的省级协作网络；从 2013 年中央政府下达长三角区域大气联防联控任务为起始，以 2014 年南京夏季青奥会为契机，三省一市重点城市，尤其是南京都市圈城市之间开展了大量的协作工作；从 2014 年开始，中央部委、省（市）级政府对协作网络的介入程度不断加强。

① 资料来源：作者根据相关中心性指标绘制。

表 4-6　长三角区域历年点出度排名统计①②

时间	点出度排名（由高到低）
2008	绍兴、嘉兴、杭州、湖州、宁波、上海、江苏、浙江
2009	绍兴、嘉兴、宁波、台州、舟山、湖州、杭州
2010	南京、淮安、扬州、镇江、芜湖、马鞍山、滁州、宣城、绍兴、嘉兴、上海、台州、舟山、宁波、江苏、浙江、杭州
2011	绍兴、嘉兴、宁波、台州、舟山、杭州、湖州
2012	南京、扬州、镇江、淮安、滁州、宣城、芜湖、马鞍山、上海、江苏、浙江、安徽、绍兴、嘉兴
2013	部委、扬州、镇江、淮安、芜湖、马鞍山、滁州、宣城、常州、合肥、嘉兴、绍兴
2014	部委、上海、嘉兴、杭州、湖州、南京、无锡、常州、苏州、南通、连云港、淮安、盐城、扬州、镇江、泰州、宿迁、合肥、芜湖、蚌埠、淮南、马鞍山、江苏、浙江、安徽
2015	部委、上海、江苏、浙江、安徽、嘉兴、杭州、湖州、台州、舟山、黄山、宣城
2016	部委、上海、江苏、浙江、安徽、绍兴、嘉兴、杭州、湖州、台州、舟山、宁波
2017	嘉兴、绍兴、杭州、宁波、舟山、台州
2018	部委、上海、江苏、浙江、安徽、绍兴、嘉兴、杭州、湖州、台州、舟山、宁波

　　通过中间中心度排名（见表 4-7）可以看到，省级政府对协作关系具有较强的控制能力，是区域大气府际协作关系建立的关键所在。值得注意的是，上海作为直辖市，在行政层级上与其他三省政府平行，但仅在 2014 年和 2018 年的协作网络中有较高中间中心度。主要原因是 2014 年上海牵头成立长三角区域大气污染防治协作小组，并进行了区域性联动以保障南京青奥会；2018 年在中央政府相关政策下，长三角区域大气污染防治协作进入到一个新的阶段，三省一市政府开展了密集的协作行动。在城市层面，浙江的杭州、绍兴、嘉兴、宁波，江苏的南京、淮安、扬州、镇江，安徽的马鞍山、滁州、宣城、芜湖等城市的中间中心度较高，成为其所隶属省域内与其他省属城市建立协作联系的主要行动者。

---

① 注：表中仅列出排名靠前的政府主体，排名较后、且点出度值持平的不列入。
② 资料来源：作者根据相关中心度指标绘制。

表 4-7   长三角区域大气府际协作网络的中间中心度分析①②

时间	中间中心度排名（由高到低）
2008	苏、浙、绍兴、嘉兴、宁波
2009	绍兴、嘉兴
2010	苏、南京、淮安、扬州、镇江
2011	绍兴、嘉兴
2012	皖、浙、苏、南京、淮安、扬州、镇江、芜湖、马鞍山、滁州、宣城
2013	皖、苏、南京、常州、淮安、扬州、镇江、泰州、芜湖、马鞍山、滁州、合肥、宣城
2014	部委、沪、苏、浙、皖、南京、无锡、常州、苏州、南通、连云港、淮安、盐城、扬州、镇江、泰州、宿迁、湖州、嘉兴、合肥、芜湖、马鞍山、滁州
2015	皖、浙、杭州、湖州、黄山、宣城
2016	皖、苏、浙、绍兴、嘉兴
2017	无
2018	皖、苏、浙、沪、绍兴、嘉兴
总计	安徽、上海、浙江、江苏、嘉兴、绍兴、杭州、湖州、南京、淮安、扬州、镇江、芜湖、马鞍山、滁州、宣城、合肥、蚌埠、泰州、无锡、常州、苏州、南通、连云港、盐城、宿迁

　　图 4-9 为选取的长三角区域部分年份的大气污染治理府际协作关系网络的可视化图，据此我们可以直观地看到哪些行动者之间建立了协作关系及关系的强弱。早在 2008 年，两省一市政府之间就大气府际协作建立了联系，浙江省内部的杭州都市圈和浙东经济区也开始启动大气的联防联控。2010 年南京都市圈也开始推进大气污染治理的联防联控，其涉及城市除了江苏省内的，还包括南京周边的安徽部分城市。至 2014 年，随着国家对区域大气污染联防联控的重视，该区域城市间已建立起普遍的协作联系，彼此之间的协作程度也越来越高。

---

①　注：保留中间中心度最高的点。

②　资料来源：作者根据 UCINET 程序计算结果绘制。

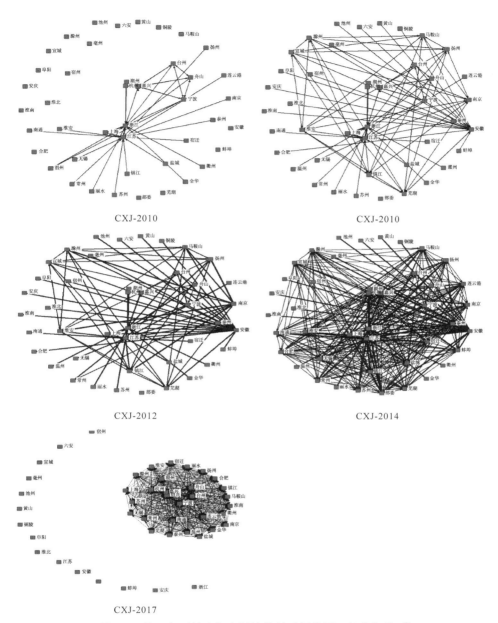

图 4-9　长三角区域大气府际协作关系网络图（部分年份）①

3. 珠三角地区。

我们利用珠三角地区大气污染治理府际协作的原始资料，构建了该区域府际协作的有向关系矩阵，分析了包括中央政府、广东省政府及相关城市在内的 18

① 资料来源：作者利用 Netdraw 绘制。

个协作主体及整体网络的点度中心度差值变化情况，如图 4-10 所示。珠三角地区为省域内协作区域，相关城市均接受广东省政府的统一领导。可以看到，从省级层面来说，广东省政府在区域大气治理协作网络中始终处于协作关系创建者的位置，且其作用强度在 2009 年、2010 年、2013 年、2016 年、2017 年、2018 年这六个年份达到较高值。结合原始资料可以看到，2009—2010 年广东省政府为了保障 2010 年广州亚运会空气质量，出台了一系列行动政策，建立区域性的联席会议制度，要求相关城市之间开展协作；2013 年则是响应中央政府号召，开始实施珠三角第二阶段的清洁空气行动计划；2016 年之后，珠三角地区的大气污染治理成效明显，达到了预期目标，开始实施强化措施，将珠三角九市之外的清远、揭阳等城市纳入协作范围。从各个城市来看，其点出度与点入度差值的绝对值小于 4，且各主体之间的差距很小，一定程度上可以认为各城市在协作网络中的重要性程度差异较小。

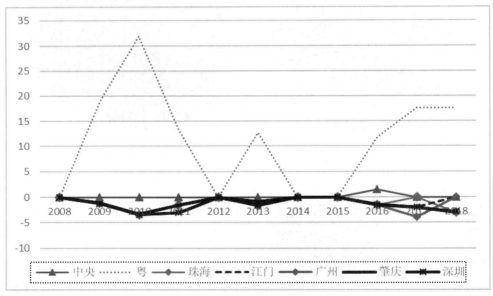

图 4-10　珠三角地区协作主体历年点度中心度差值变化趋势图①②

通过对中心度排名可以看到（见表 4-8），除广东省政府外，点度中心度排名靠前的主要是广州、珠海、深圳三个都市圈的中心城市。而从中间中心度排名来看，除了广东省政府外，具有较强连接能力的主要是佛山、肇庆、深圳、东莞、惠州、清远、广州。

---

① 资料来源：作者根据相关中心度指标绘制。
② 由于篇幅原因，此处仅选取珠三角地区各层级政府有代表性的几个政府的协作点度中心度差值作图。所有城市的历年中心度信息见附录 A。

表 4-8　珠三角地区历年点出度和中间中心度排名统计①②

时间	点出度排名（由高到低）	中间中心度排名
2008	珠海、中山、江门	无
2009	粤、珠海、中山、江门、广州、佛山、肇庆	粤
2010	珠海、广州、粤政府、中山、江门、佛山、深圳、肇庆、东莞、惠州、清远、汕尾	无
2011	粤、广州、佛山、肇庆、东莞、珠海、中山、江门、深圳、惠州	粤
2012	广州、佛山、东莞、肇庆、深圳、惠州、珠海、中山、江门	广州、东莞
2013	粤、深圳、东莞、惠州、珠海、中山、广州、江门、佛山、清远	粤、广州、珠海、中山、深圳、东莞
2014	深圳、东莞、佛山、惠州、广州、珠海、中山、江门、粤、汕尾、河源	深圳
2015	广州、佛山、肇庆、清远、珠海、中山、江门、云浮、韶关、阳江	无
2016	深圳、东莞、惠州、汕尾、河源、粤、广州、佛山、肇庆、清远、云浮、韶关、珠海、中山、江门、阳江	粤、广州、佛山、肇庆、深圳、东莞、惠州
2017	深圳、东莞、惠州、汕尾、河源、粤、广州、佛山、清远、肇庆、云浮、韶关、珠海、中山、江门、阳江	粤、佛山、深圳、东莞
2018	佛山、肇庆、深圳、东莞、惠州、粤、清远、广州、云浮、韶关、惠州、汕尾、河源、江门、阳江	珠海、佛山、肇庆

为了比较珠三角地区历年的协作整体网中心性，我们根据历年的点出度中心势、点入度中心势和对称化处理后的中心势指标，得到图 4-11。可以看到，2009年，出度中心势高于入度中心势，意味起协作关系的发起者集中为少数行动者，这里为广东省政府；2010 年，入度中心势高于出度中心势，表明协作行动是围绕少数主体展开的，此处为广州市；从 2012 年开始，历年入度中心势与出度中心势的发展趋势基本一致。分析结果与前述针对行动者个体的中心度分析一致。

从该区域的历年协作关系的可视化网络图（图 4-12）来看，随着时间推移，该区域建立协作关系的行动者逐渐增多，即行动者的协作规模不断扩大，联系的紧密程度也逐步增加，其协作结构基本上也是围绕着各个都市圈划分为几个

---

① 注：点出度仅列出排名靠前的政府主体，排名较后、且点出度值持平的不列入。中间中心度仅保留得分最高的点。

② 资料来源：作者根据 UCINET 程序计算结果绘制。

子群。

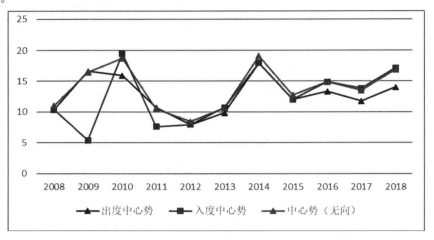

图 4-11　珠三角地区大气协作网络中心性指数趋势[①]

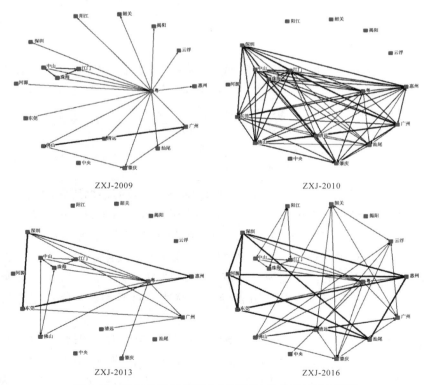

图 4-12　珠三角地区历年大气府际协作关系网络图[②][③]

---

① 资料来源：作者根据 UCINET 程序计算结果绘制。

② 注：由于篇幅限制，此处仅列出部分年份的关系网络图，其他年份的请见附录 B。

③ 资料来源：作者利用 Netdraw 绘制。

4. 成渝城市群。

我们利用成渝城市群大气污染治理府际协作的原始资料，构建了该区域府际协作的无向关系矩阵，分析了 18 个城市协作主体及整体网络的点度中心度情况，如表 4-9 所示。可以看到，成都及德阳、绵阳、遂宁、乐山、资阳、眉山等 6 个成都周边城市在区域大气府际协作关系网络中的中心度相对其他城市更高，究其原因在于它们之间围绕大气污染治理展开了广泛的协作，建立了"秸秆焚烧联防联控机制"。同时，这几个城市为成都及周边经济区，即成都平原核心城市群。可见，城市之间已有的在其他方面的广泛联系有助于大气府际协作的实施。随着中央层面对全国层面大气污染治理的加强，成渝城市群也被列入开展联防联控的区域，在此情形下，四川省政府除了要求成都经济区开展协作外，还部署了川东北和川南两个协作区，泸州、自贡、内江、南充、宜宾、达州等城市的中心度也随之增加。从历年协作网络的整体中心势来看，2011 年和 2016 年为最高，2014 年最低，总体波动范围并不大，表明区域内城市间协作关系相对稳定。

表 4-9　成渝城市群点度中心度和中心势指标（标准化）[①]

	2010	2011	2012	2013	2014	2015	2016	2017
成都	41.18	41.18	45.10	41.18	27.06	49.02	50.98	42.86
自贡	19.12	0.00	27.45	25.49	15.29	25.49	39.22	31.09
攀枝花	19.12	0.00	0.00	0.00	0.00	0.00	0.00	0.00
泸州	19.12	0.00	27.45	25.49	15.29	25.49	39.22	31.09
德阳	41.18	41.18	41.18	41.18	28.24	49.02	50.98	42.86
绵阳	39.71	41.18	41.18	41.18	24.71	49.02	50.98	42.86
广元	19.12	0.00	0.00	0.00	0.00	0.00	7.84	10.08
遂宁	39.71	41.18	41.18	25.49	15.29	49.02	50.98	42.02
内江	19.12	0.00	27.45	25.49	15.29	25.49	39.22	31.09
乐山	39.71	41.18	41.18	25.49	16.47	49.02	58.82	52.10
南充	19.12	0.00	27.45	25.49	15.29	25.49	33.33	31.09
宜宾	19.12	0.00	27.45	25.49	15.29	25.49	39.22	31.09
广安	19.12	0.00	27.45	25.49	15.29	25.49	33.33	21.01
达州	19.12	0.00	27.45	25.49	15.29	25.49	33.33	31.09
资阳	20.59	41.18	45.10	41.18	24.71	49.02	50.98	31.93
眉山	20.59	41.18	45.10	41.18	24.71	49.02	50.98	42.86

---

① 资料来源：作者根据 UCINET 程序计算结果绘制。

	2010	2011	2012	2013	2014	2015	2016	2017
巴中	0.00	0.00	0.00	0.00	0.00	0.00	7.84	20.17
雅安	20.59	41.18	41.18	0.00	0.00	0.00	13.73	5.88
中心势（%）	19.12	25.74	17.40	19.12	15.00	22.55	25.49	24.79

从该区域的中间中心度指标（见表 4-10）可以看到，2010 年，成都、德阳、绵阳、遂宁、乐山在网络中的值最高，与点度中心度一致。从 2016 年开始，各城市在中间中心度上逐渐分化，包括成都经济区、川东北经济区、川南经济区的集群，各群体内部协作密切。从协作网络的整体中心势逐渐呈下降趋势，表明该区域城市间在大气污染协作治理中的地位趋于平等。图 4-13 为选取的成渝城市群部分年份的协作关系网络可视化图。可以看到，历年协作活动最为频繁的主要是围绕成都及周边城市，但其他城市之间的协作随着时间推移也变得活跃。

表 4-10　成渝城市群大气府际协作中间中心度指标（标准化）[1][2]

	2010	2016	2017	2018
成都	3.971	0	1.023	0.735
自贡	0	0	0.057	0
攀枝花	0	0	0	0
泸州	0	0	0.057	0
德阳	3.971	0.945	1.023	0.735
绵阳	3.971	0.945	1.023	0.735
广元	0	0	0	0
遂宁	3.971	0.945	1.023	0.735
内江	0	0	0.057	0
乐山	3.971	0.945	1.023	0.735
南充	0	5.882	2.331	0
宜宾	0	0	0.057	0
广安	0	5.882	2.331	0
达州	0	5.882	2.331	0
资阳	0	0.945	0.817	0.735
眉山	0	0.945	1.023	0.735

---

① 　注：2011 年至 2015 年的中间中心度和中心势指标均为 0，故不在此列出。

② 　资料来源：作者根据 UCINET 程序计算结果绘制。

续表

	2010	2016	2017	2018
巴中	0	0	2.002	0
雅安	0	0	0	0
中心势（％）	3.04	4.80	1.52	0.48

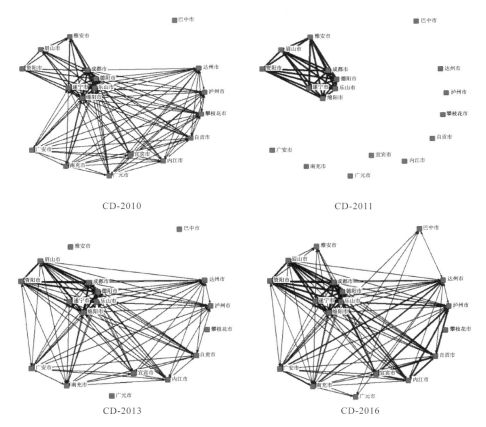

图 4-13　成渝城市群历年大气府际协作关系网络图①②

二、大气府际协作网络的凝聚子群分析

社会行动者③总是处于各种各样的群体之中。关于群体的定义有很多，但从

----

① 注：由于篇幅限制，此处仅列出部分年份的关系网络图，其他年份的请见附录 B。
② 资料来源：作者利用 Netdraw 绘制。
③ 作为社会单元的行动者，也可以称为个体，包括个人、家庭、公司、城市、国家等，视研究主体而定。在本书中主要指参与区域大气污染协作治理的各级政府。

社会网络意义上来定义的话，群体是在既定目标和规范的约束下，彼此互动、协同活动的一群社会行动者①。一般来说，组成群体的目的在于实现单个个体无法达到的目标，从这个意义上看，由于群体成员之间的资源共享、风险共担等特点，使得群体比个体更有优势。一方面，个体构成群体，影响群体的决策和行为；另一方面，个体会受到群体价值观念等规范的制约。另外，由于群体内部个体特性差异程度不同、互动程度各异，导致彼此间不同的关系强度，最终形成在群体内部分化为各类小群体。

针对社会结构的研究可以有两种思路，一是质性的（qualitative）结构观，二是量化的（quantitative）结构观。在坚持网络结构分析范式的学者看来，"行动者之间的正向互动关系会导致趋向一致的压力"②，也就是说，交往频率高的行动者之间有着更多的同质性，而较少联系的人之间的同质性相对更少。那些与网络连接得更紧密的行动者，越容易受到群体标准的影响。社会行动者之间的关系凝聚可以从形式化角度予以更精确分析，即建立结构化凝聚模型。已有不少研究对区域大气污染府际协作治理的结构有过分析，但大多数是理论上的定性说明，缺乏经验数据和操作化指标。在前文的中心性分析中，通过各项中心性指标和可视化网络图，可以看到协作网络的粗略结构，但不够精确。因此，本部分尝试利用"网络结构"范式的量化方法来刻画协作网络结构，识别出区域大气治理府际协作网络中的凝聚子群③。这对于分析其协作模式、协作影响因素，进而改进协作方式，提升协作效果具有重要意义。

在社会网络分析中，不同的网络属性使得凝聚子群有多种形式化定义，也产生了相应的量化处理方法，包括派系（cliques）、n－派系和n－宗派、成分（component）等。需要注意的是，凝聚子群测量的基础均是在群体中表现出来的关系"模式"，而不是"内容"④。也就是说这种分析呈现出来的是一种关系数量特征，而非现实世界中行动者的实质意义上的凝聚性，尽管二者是相关的。因此，对于凝聚子群的分析结果，要结合相关属性资料进一步分析才具有实际价值。在我们进行凝聚子群分析时，坚持从松到严的分析逻辑，逐渐发现有价值的子图。具体来说，我们根据研究内容，先使用成分分析法，找出"强成分"（strong components）和"弱成分"（weak components）；如果成分分析不能为我们提供有关网络结构的充分信息，再对其进行派系分析。在数据预处理方

① 刘军：《整体网分析》，上海：格致出版社，2014，第155页。

② Friedkin, N E, "Structural cohesion and equivalence explanations of social homogeneity," *Sociological methods and research* 12（1984）：25－261.

③ 关于凝聚子群的概念并没有明确的界定，但大体上是指"满足如下条件的一个行动者子集合，即在此集合中的行动者之间具有相对较强、直接、紧密、经常或者积极的关系"（Wasserman & Faust, 1994：249）。

④ 刘军：《整体网分析》，上海：格致出版社，2014，第156页。

面，由于本部分所使用的数据为有向多值数据，因此在成分分析之前，需要对数据进行"二值化"处理，将大于临界值"0"的数字重新编码为"1"，否则为"0"。在进行派系分析时，在二值化的数据基础上再进行对称化处理。在区域大气污染治理的府际协作中，如果是一方主动，另一方被动，我们仍然视其为建立了协作关系。因此在对称化处理时，选择"Maximum"的方法，即矩阵中的各个值 X_{ij} 和 X_{ji} 的值都用二者之中较大者来代替（$i < j$）。下面就样本区域历年协作关系网络的凝聚子群进行分析。

（一）京津冀地区

为了分析京津冀地区大气污染治理府际协作网络结构及其变化趋势，我们利用其历年协作关系矩阵数据，先对其进行强成分分析，再进行派系分析，最后得到该区域历年网络的子群分析结果，见表 4-11。

表 4-11 京津冀地区历年大气府际协作治理网络的凝聚子群分析[①]

时间	派系及其行动者	时间	派系及其行动者
2008	1. 京 鲁 国家部委 2. 京 鲁 青岛 3. 京 津 国家部委 4. 京 冀 国家部委 5. 京 晋 国家部委 6. 京 蒙 国家部委	2014	1. 京 津 冀 晋 鲁 蒙 党中央、国务院 2. 京 津 冀 晋 鲁 蒙 国家部委 3. 冀 邢台 廊坊 4. 京 冀 保定 5. 京 冀 张家口 6. 京 冀 承德 7. 京 冀 廊坊 8. 晋 太原 大同 朔州 忻州
2009	无	2015	1. 京 津 冀 晋 鲁 蒙 豫 党中央、国务院 2. 京 津 冀 晋 鲁 蒙 豫 国家部委 3. 鲁 济南 淄博 泰安 莱芜 德州 聊城 滨州 4. 津 冀 唐山 5. 冀 邯郸 沧州 6. 京 冀 保定 7. 津 冀 沧州 8. 京 冀 廊坊

---

① 资料来源：作者根据 UCINET 软件计算结果绘制。

时间	派系及其行动者	时间	派系及其行动者
2010	1. 京 津 冀 国家部委 2. 京 津 冀 廊坊 3. 京 冀 保定 4. 京 冀 石家庄 5. 京 冀 唐山 6. 冀 唐山 秦皇岛 承德 张家口 7. 晋 太原 大同 朔州 忻州 阳泉 长治 晋城	2016	1. 京 津 冀 晋 鲁 蒙 豫 国家部委 2. 鲁 济南 淄博 泰安 莱芜 德州 聊城 滨州 3. 冀 石家庄 唐山 邯郸 邢台 保定 沧州 廊坊 衡水 4. 冀 秦皇岛 邢台 5. 京 蒙 呼和浩特
2011	1. 晋 太原 大同 朔州 忻州	2017	1. 鲁 豫 郑州 开封 安阳 鹤壁 新乡 焦作 濮阳 2. 京 津 冀 晋 鲁 豫 国家部委 3. 鲁 济南 淄博 济宁 泰安 莱芜 德州 聊城 滨州 菏泽 4. 京 蒙 国家部委 5. 津 冀 石家庄 6. 冀 邢台 廊坊 7. 京 冀 保定 8. 京 冀 廊坊
2012	1. 晋 太原 大同 朔州 忻州	2018	1. 京 津 冀 晋 鲁 蒙 豫 党中央、国务院 国家部委 2. 冀 晋 唐山 3. 津 冀 保定 廊坊 4. 津 冀 张家口 5. 津 冀 承德 6. 京 津 冀 晋 廊坊
2013	1. 鲁 济南 淄博 泰安 莱芜 德州 聊城 滨州 2. 京 津 冀 晋 鲁 蒙 国家部委 3. 京 冀 秦皇岛 4. 京 冀 廊坊 5. 晋 太原 大同 朔州 忻州		

　　结合相关属性资料对凝聚子群分析结果进行讨论，我们发现，2008 年的协作网络中，"北京＋部委＋其他省市"构成了 6 个派系，除了青岛市作为北京夏季奥运会水上项目的举办场地而与国家部委、北京市有联系外，其他省（市）的城市均没有，协作网络还停留在省一级层面上。京津冀三地在 2010 年的协作网

络中具有十分紧密的联系，京津冀共享派系为 3 个，"北京＋河北省＋河北省属城市"的子群结构有 4 个，另外两个则是分别围绕河北省、山西省政府的各自省域内城市间的协作。2011 年和 2012 年只发现山西省政府协调下四个城市的协作结构。2013 年，山东省会城市群成为协作网络的子群之一；随着该区域大气污染防治小组的成立，六省（市、区）及国家部委之间形成了联系紧密的子群；另外，北京市与其邻近的秦皇岛、廊坊分别构成两个子群。从 2014 年开始，协作网络的子群开始呈现出更为多元的特点。省级层面的协作除了国家部委的介入外，党中央和国务院也开始强化对该区域大气府际协作治理的协调。山东、山西、河北省内的主要污染城市也在省政府的领导下保持着较为持续性的协作。北京市作为该区域的核心城市，是多个子群的主要行动者之一，并保持与河北省的保定、张家口、承德、廊坊之间的密切协作。天津作为直辖市，也同北京、河北省的唐山、沧州、石家庄、保定、廊坊等城市之间有较多互动。

　　总的来说，京津冀地区协作网络结构经过 11 年的演化逐渐趋于稳定，从单中心向多中心转变，且上级权威尤其是中央权威的介入不断强化。整个协作网络中的行动者大致可分为三个层级，一是作为最高权威的中央政府，二是作为中间代理层级的省（区）级，三是作为协作实际执行者的城市政府，其中包括北京、天津两个直辖市。这样来看，协作结构就可以分为"两层三类"：两层是主要是指在中央政府协调下的省级政府之间的协作，也就是由七省（市、区）组成的京津冀地区大气污染防治协作小组[①]，而这一子群结构随着中央权威介入的强化而更为稳固；另一层则是在各省政府领导下的省域内重点城市之间的协调，诸如山西省会城市群、山东省会城市群、河北省内环京津城市带。三类则包括直辖市与其他直辖市或者地级市之间的协作，主要为京津冀地区核心城市间的协作，如北京、天津、廊坊、保定、承德、张家口、唐山之间的协作；省域内地级市之间的协作，也就是前述的山西、山东的省会城市群协作；跨省域的地级市之间的协作，但这一类型目前并没有形成明显的子群，多是间接性的协作。

　　我们认为，协作网络结构之所以呈现出如此特点，与现有政治制度对区域府际协作关系的形塑作用有关。除非有中央政府的强制介入，很少有城市政府越过省级政府，而与其他省市政府建立协作关系的。但这也可能是因为地方政府不愿意投入到环境治理中。

　　结合前述对京津冀地区大气协作网络的中心性分析，可以将该区域协作网络的发展分为三个阶段。2008 年至 2012 年——雏形阶段：为了保障 2008 年北京奥运会的空气质量，在党中央和国务院的指导下，由环保部协调京、津、冀、晋、鲁、蒙六省（市），对影响区域大气环境质量的生产、生活行为予以严格管

---

　　① 2018 年 7 月 11 日，国务院办公厅发布通知，将运行了五年的"京津冀及周边地区大气污染防治协作小组"升级为"京津冀及周边地区大气污染防治领导小组"，由国务院领导任组长。

控，标志着我国区域性地方政府间大气协作治理的开始。不过，这一基于重大节事的协作网络，在活动结束后即处于搁置状。即使在 2010 年环保部等 10 个部委联合发布《关于推进大气污染联防联控工作改善区域空气质量的指导意见》后的两年，京津冀地区地方政府在大气污染治理方面的各类协作仍然不活跃。基于以上考虑，将 2008 年至 2012 年划分为京津冀地区大气治理府际协作网络的雏形阶段。

2013 年至 2015 年——快速发展阶段：从 2013 年开始，京津冀区域大气污染治理的府际协作数量呈现明显上升态势（表 4-12）。尤其是国务院于 2013 年 9 月颁布了《大气污染防治行动计划》，环保部等 7 部门联合发布了《京津冀及周边地区落实大气污染防治行动计划实施细则》，国务院 7 部委联合京、津、冀、晋、鲁、蒙六省（市）成立了"京津冀地区大气污染防治协作小组"，这些都标志着京津冀区域大气污染的协作治理正式列入地方政府的工作重点。这一时期的区域府际协作网络中各个行动者之间的互动频次不断增加，网络结构基本成型。

2016 年至 2018 年——成熟优化阶段。2015 年，京津冀地区大气污染防治协作小组纳入河南省和交通部，至此形成七省（市）八部委的协作网络，尤其是在 2017 年"2+26"大气污染传输通道城市确定后，该协作网络结构逐渐成熟，区域内相关协作也是逐年上升。

表 4-12 京津冀地区历年大气府际协作次数统计

年份	2008	2009	2010	2011	2012	2013	2014	2015	2016	2017	2018
协作数量	4	2	17	3	4	19	33	24	34	50	31

根据以上对阶段的划分，重新组织数据再进行分析，得到各阶段的派系结果，再通过 Netdraw 进行可视化，得到图 4-14，依次为第一阶段、第二阶段、第三阶段的派系图。

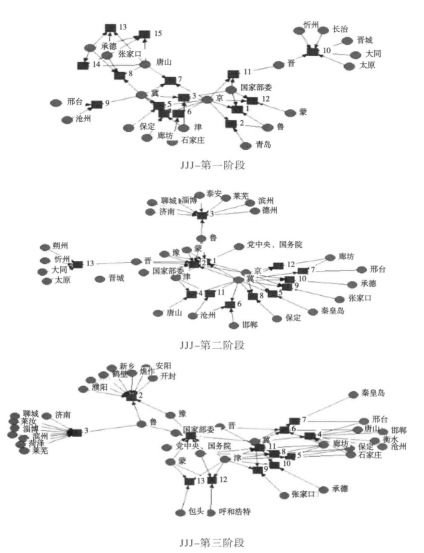

图 4-14　京津冀地区分阶段的大气府际协作网络派系图

（二）长三角区域

为了分析长三角区域大气污染治理府际协作网络结构及其变化趋势，我们使用已构建的该区域历年协作关系矩阵数据，对其进行凝聚子群分析，分析结果见表 4-13。

结合有关属性资料对凝聚子群分析结果进行讨论，我们发现，该区域在大气污染治理方面的府际协作开始得较早，为了迎接 2010 年上海世博会，两省一市于 2008 年协商共同保障区域空气质量；城市层面的协作可分为三个子群，包括杭嘉湖绍都市圈、浙东经济合作区、由江苏四市和安徽四市组成的南京都市圈，各个子群内部围绕着包括大气在内的环境污染问题进行了广泛协作。2012年开始，省级层面的协作子群由两省一市发展为包括安徽省在内的三省一市。在城市层面，南京市是4个子群的共同成员，在协调省域内城市间协作和跨省协作方面起到了重要作用，南京都市圈也是该区域协作网络中唯一跨省的城市层面的协作子群。2014年开始，中央部委逐渐介入到长三角区域的协作中，成立长三角区域大气污染防治协作机制，成为多数子群的共享成员；上海作为该区域内的唯一直辖市，在大气污染防治方面与其他省市保持着密切的协作关系；浙江、江苏、安徽三省也加强了对省域内城市群大气污染防治协作的协调。

总的来说，与京津冀地区的府际协作最初由中央政府强势推动不同，长三角区域的协作网络更多是由省域内城市群和跨省城市群发展而来，表现出更为扁平的网络结构；直到2013年国务院才将该长三角区域作为开展大气污染防治协作的重点区域，中央政府对该区域协作的介入逐渐增多，并形成较为稳定的制度安排，也使得整个网络趋向于从多中心结构向集中化的结构转变。同样，长三角区域协作网络中的行动者也可以分为三个层级：一是中央政府，这里主要是指国务院部委，且这类主体从2014年才开始成为该区域网络中的主要行动者，与其他行动者形成紧密联系；二是作为中间代理层级的苏、浙、皖三省政府；三是作为实际协作任务承担者的城市政府，其中包括直辖市上海。那么，该区域协作结构可以分为"两层"：第一层为前期以上海牵头的省（市）级政府间的协作，后期为由三省一市同国家八部委组成的"长三角区域大气污染防治协作小组"。第二层即为城市政府间的协作，可以分为省域内和跨省的。省域内城市间协作主要有杭州都市圈、浙东经济区。跨省城市间协作可分为没有直辖市参与的协作子群，如南京都市圈城市；以及有直辖市参与的协作子群，即以上海市为中心的协作子群，如表4-13中2014年的子群1、2017年的子群1。这也是该区域网络结构区别于京津冀区域的显著特点之一。也就是说，长三角区域大气污染防治协作网络相较于京津冀区域而言，结构特征更为丰富，且受到行政层级等制度的限制更少，更贴近于区域协作治理的本质。

表 4-13　长三角区域历年大气府际协作治理网络的凝聚子群分析①

时间	派系及其行动者	时间	派系及其行动者
2008	1：上海 江苏 浙江 2：浙江 杭州 绍兴 湖州 嘉兴 3：浙江 宁波 绍兴 嘉兴 台州 舟山 4：浙江 宁波 温州	2014	1：部委 上海 南京 无锡 常州 苏州 南通 连云港 淮安 盐城 扬州 镇江 泰州 宿迁 杭州 湖州 嘉兴 合肥 芜湖 蚌埠 马鞍山 滁州 宣城 2：部委 上海 浙江 杭州 湖州 嘉兴 3：浙江 杭州 绍兴 湖州 嘉兴 4：浙江 宁波 绍兴 嘉兴 台州 舟山 5：部委 上海 江苏 南京 无锡 常州 苏州 南通 连云港 淮安 盐城 扬州 镇江 泰州 宿迁 6：部委 上海 江苏 浙江 安徽 7：部委 上海 安徽 合肥 芜湖 蚌埠 滁州 马鞍山 宣城
2009	1：宁波 绍兴 嘉兴 台州 舟山 2：杭州 绍兴 湖州 嘉兴	2015	1：部委 上海 江苏 浙江 安徽 2：安徽 黄山 宣城 3：浙江 杭州 绍兴 湖州 嘉兴 4：杭州 湖州 黄山 宣城 5：浙江 宁波 绍兴 嘉兴 台州 舟山
2010	1：安徽 芜湖 马鞍山 滁州 宣城 2：上海 江苏 浙江 3：江苏 南京 淮安 扬州 镇江 4：浙江 宁波 绍兴 嘉兴 台州 舟山 5：浙江 杭州 绍兴 湖州 嘉兴 6：南京 淮安 扬州 镇江 芜湖 马鞍山 滁州 宣城	2016	1：部委 上海 江苏 浙江 安徽 2：浙江 杭州 绍兴 湖州 嘉兴 3：浙江 宁波 绍兴 嘉兴 台州 舟山
2011	1：宁波 绍兴 嘉兴 台州 舟山 2：杭州 绍兴 湖州 嘉兴	2017	1：上海 南京 无锡 常州 苏州 南通 连云港 淮安 盐城 扬州 镇江 泰州 宿迁 杭州 宁波 温州 绍兴 湖州 嘉兴 金华 衢州 台州 丽水 舟山 合肥 芜湖 淮南 马鞍山 滁州

①　资料来源：作者根据 UCINET 软件计算结果绘制。

（续）表 4-13 长三角区域历年大气府际协作治理网络的凝聚子群分析

时间	派系及其行动者	时间	派系及其行动者
2012	1：安徽 芜湖 马鞍山 滁州 宣城 2：上海 江苏 浙江 安徽 3：南京 淮安 扬州 镇江 芜湖 马鞍山 滁州 宣城 4：江苏 南京 淮安 扬州 镇江 5：江苏 南京 常州 6：江苏 南京 泰州 7：浙江 杭州 绍兴 湖州 嘉兴 8：浙江 宁波 绍兴 嘉兴 台州 舟山	2018	1：部委 上海 江苏 浙江 安徽 2：上海 江苏 南通 3：浙江 杭州 绍兴 湖州 嘉兴 4：浙江 宁波 绍兴 嘉兴 台州 舟山
2013	1：安徽 合肥 芜湖 马鞍山 滁州 2：安徽 芜湖 马鞍山 滁州 宣城 3：上海 江苏 浙江 安徽 4：南京 常州 淮安 扬州 镇江 泰州 芜湖 马鞍山 滁州 宣城 5：江苏 南京 常州 淮安 扬州 镇江 泰州 6：南京 淮安 扬州 镇江 泰州 合肥 芜湖 马鞍山 滁州 7：浙江 杭州 绍兴 湖州 嘉兴 8：浙江 宁波 绍兴 嘉兴 台州 舟山		

　　结合前述对长三角区域协作网络的中心性分析，我们认为可以从时间维度上将该区域协作网络的发展分为三个阶段：一是自发阶段（2008 年—2009 年），二是快速发展阶段（2010 年—2013 年），三是优化集中阶段（2014 年—2018 年）。长三角区域各城市之间的合作由来已久，而在官方活动中出现城市之间的环境保护协作（包括大气）是在 2008 年，杭州、湖州、嘉兴和绍兴四市成立杭州都市圈环保专业委员会，标志着区域内城市间大气污染协作治理的开始。2010年，国务院 10 个部委联合发布《关于推进大气污染联防联控工作改善区域空气质量的指导意见》，将长三角作为开展大气污染防治联防联控的重点区域之一。在中央政府的指导意见下，沪苏浙皖三省一市政府领导首次在上海召开区域大气污染联防联控工作座谈会，表明长三角区域大气污染治理的府际协作进入到一个新的阶段。因此，将 2010 年作为该区域大气污染府际协作治理的一个重要时间节点。2014 年 1 月，长三角三省一市和国家八部委组成的长三角区域大气污染

防治协作机制在上海召开第一次工作会议，标志着该区域协作的进一步深化。因此，将 2014 年作为第二个重要的时间节点。

对按时间节点划分后的协作关系进行子群分析，并利用 Netdraw 程序对子群矩阵进行可视化，得到各阶段的网络派系图。依次是第一阶段、第二阶段、第三阶段，见图 4-15。

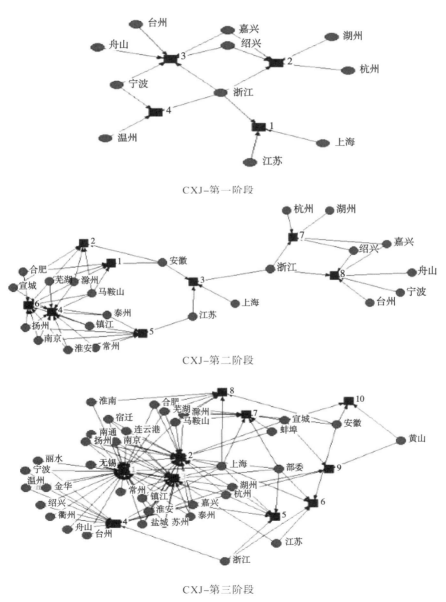

图 4-15 长三角区域分阶段的大气府际协作网络派系图

（三）珠三角地区

为了分析珠三角地区大气污染治理的府际协作网络结构及其变化趋势，我们使用已经建构的该区域历年协作关系矩阵数据，对其进行凝聚子群分析，结果见表 4-14。

结合有关属性资料对凝聚子群分析结果进行讨论，可以看到，由于珠三角区域为省域内空间，中央政府对其府际协作的介入很小，没有成为子群的成员；广东省政府作为该区域所有城市的上级政府，起主要的领导、协调作用。2008 年至 2012 年的协作子群可以分为两类，一是以广佛肇、深莞惠和珠中江三大都市圈各自内部城市间的协作，二是为 2010 年保障广州亚运会空气质量，由广东省政府协调珠三角地区 9 市的凝聚子群。从 2013 年开始，应中央政府要求，珠三角地区开始实施清洁空气行动计划，各城市也开始突破所属都市圈的限制，开展协作，如珠海与佛山、广州与深圳。2013 年，中共广东省委、广东省人民政府印发了《关于进一步促进粤东西北地区振兴发展的决定》，三大都市圈开始扩容[1]，珠三角 9 市与其他城市之间的协作开始增多，包括大气污染防治等环保领域。在 2015 年及之后的凝聚子群中，阳江与珠中江都市圈在大气污染防治方面展开了密切协作，清远、云浮、韶关同广佛肇都市圈形成紧密联系，汕尾、河源两市则与深莞惠都市圈广泛协作。

表 4-14   珠三角区域历年大气府际协作治理网络的凝聚子群分析

时间	派系及其行动者	时间	派系及其行动者
2008	1：珠海 中山 江门	2014	1：粤 珠海 中山 江门 广州 佛山肇庆 深圳 东莞 惠州
2009	1：粤 珠海 中山 江门 2：粤 广州 佛山 肇庆	2015	1：广州 佛山 肇庆 清远 云浮 韶关 2：珠海 中山 江门 阳江
2010	1：粤 珠海 中山 江门 广州 佛山 肇庆 深圳 东莞 惠州 清远 汕尾	2016	1：粤 珠海 中山 江门 2：粤 广州 佛山 肇庆 3：粤 深圳 东莞 惠州 4：广州 佛山 肇庆 清远 云浮 韶关 5：深圳 东莞 惠州 汕尾 河源 6：珠海 中山 江门 阳江

---

① 2013 年，广东省出台了《中共广东省委、广东省人民政府关于进一步促进粤东西北地区振兴发展的决定》（粤发〔2013〕9 号），促进阳江、茂名、韶关、湛江、清远、潮州、汕头、揭阳、云浮、河源、梅州等市的发展。珠三角主动拓宽发展空间（产业和劳动力"双转移"）；明确新一轮结对帮扶关系：广州市对口帮扶梅州市、湛江市、清远市，深圳市对口帮扶汕尾市、潮州市（主要开展产业转移帮扶工作）、河源市（主要开展扶贫开发"双到"帮扶工作），珠海市对口帮扶阳江市、茂名市，佛山市对口帮扶清远市、云浮市，东莞市对口帮扶韶关市、揭阳市，中山市对口帮扶河源市，汕头市自行组织帮扶。

时间	派系及其行动者	时间	派系及其行动者
2011	1：粤 珠海 中山 江门 2：粤 广州 佛山 肇庆 3：粤 深圳 东莞 惠州	2017	1：粤 广州 佛山 肇庆 清远 2：珠海 中山 江门 阳江 3：深圳 东莞 惠州 汕尾 河源 4：广州 佛山 肇庆 清远 云浮 韶关
2012	1：广州 佛山 肇庆 2：珠海 中山 江门 3：深圳 东莞 惠州	2018	1：粤 珠海 中山 佛山 肇庆 深圳 东莞 2：珠海 佛山 肇庆 清远 3：广州 佛山 肇庆 清远 云浮 韶关 4：珠海 中山 江门 阳江 5：深圳 东莞 惠州 汕尾 河源
2013	1：粤 珠海 中山 江门 2：粤 珠海 中山 佛山 3：粤 广州 深圳 东莞 4：粤 深圳 东莞 惠州		

2008 年至 2009 年为萌芽阶段，主要是区域内中心城市与周边城市协调。

2010 年至 2012 年为网络形成阶段。2010 年，广东省政府发布了《广东省珠江三角洲大气污染防治办法》，建立了珠江三角洲区域大气污染防治联席会议制度，开始实施第一期《珠三角清洁空气行动计划》。

2013 年至 2015 年为稳步提高阶段，实施第二期《珠三角清洁空气行动计划》。

2016 年至今为效果巩固阶段。珠三角地区由于自然条件好，较早地完成了中央下达的目标任务，在第二期清洁空气行动计划完成后，主要对防治效果进行巩固。

对按时间划分后的珠三角地区协作关系进行子群分析，并利用 Netdraw 程序对子群矩阵进行可视化，得到各阶段的网络派系图，见图 4-16。

（四）成渝城市群

为了分析成渝城市群大气污染治理府际协作网络结构及其变化趋势，我们使用已经建构的该区域历年协作关系矩阵数据，对其进行凝聚子群分析，结果见表 4-15。可以看到，2010 年到 2015 年，该区域并没有形成明显的多子群结构，协作重点城市还是以成都为中心的 8 市，从 2016 年开始，逐渐形成了成都及周边城市群、川东北和川南三大协作子群，与前面的中心度分析结果一致。主要原因在于，2016 年开始，随着中央大气环境保护的高压态势，该区域逐渐形成了分区开展大气污染联防联控的治理结构。

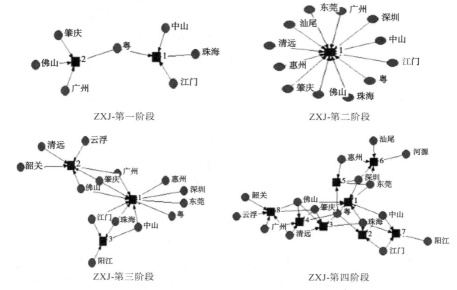

图 4-16   珠三角地区分阶段的大气府际协作网络派系图

表 4-15   成渝城市群历年大气府际协作治理网络的凝聚子群分析

时间	派系及其行动者	时间	派系及其行动者
2010	1：成都市 自贡市 攀枝花市 泸州市 德阳市 绵阳市 广元市 遂宁市 内江市 乐山市 南充市 宜宾市 广安市 达州市 2：成都市 德阳市 绵阳市 遂宁市 乐山市 资阳市 眉山市 雅安市	2015	1：成都市 自贡市 泸州市 德阳市 绵阳市 遂宁市 内江市 乐山市 南充市 宜宾市 广安市 达州市 资阳市 眉山市
2011	1：成都市 德阳市 绵阳市 遂宁市 乐山市 资阳市 眉山市 雅安市	2016	1：成都市 自贡市 泸州市 德阳市 绵阳市 遂宁市 内江市 乐山市 南充市 宜宾市 广安市 达州市 资阳市 眉山市 2：广元市 南充市 广安市 达州市 巴中市 3：成都市 德阳市 绵阳市 遂宁市 乐山市 资阳市 眉山市 雅安市

续表

时间	派系及其行动者	时间	派系及其行动者
2012	1：成都市 自贡市 泸州市 德阳市 绵阳市 遂宁市 内江市 乐山市 南充市 宜宾市 广安市 达州市 资阳市 眉山市 雅安市	2017	1：成都市 自贡市 泸州市 德阳市 绵阳市 遂宁市 内江市 乐山市 南充市 宜宾市 广安市 达州市 资阳市 眉山市 2：成都市 自贡市 泸州市 德阳市 绵阳市 遂宁市 内江市 乐山市 南充市 宜宾市 广安市 达州市 眉山市 巴中市 3：成都市 德阳市 绵阳市 遂宁市 乐山市 资阳市 眉山市 雅安市 4：广元市 南充市 广安市 达州市 巴中市
2013	1：成都市 自贡市 泸州市 德阳市 绵阳市 遂宁市 内江市 乐山市 南充市 宜宾市 广安市 达州市 资阳市 眉山市	2018	1：成都市 自贡市 泸州市 德阳市 绵阳市 遂宁市 内江市 乐山市 南充市 宜宾市 广安市 达州市 资阳市 眉山市 2：成都市 德阳市 绵阳市 遂宁市 乐山市 资阳市 眉山市 雅安市
2014	1：成都市 自贡市 泸州市 德阳市 绵阳市 遂宁市 内江市 乐山市 南充市 宜宾市 广安市 达州市 资阳市 眉山市		

第五章　实证结果与分析

本章将根据搜集到的 4 个区域的 109 个样本城市的时间跨度数据，对第三章提出的研究假设逐一检验。本章第一节将检验城市属性异质性、城市间已有网络与大气府际协作关系之间的关系，并对回归结果进行分析；第二节将检验城市属性与网络结构的关系，以及城市属性异质性与网络结构异质性之间的关系，并对回归结果进行分析；第三节对协作类型与协作关系之间的关系进行分析，以讨论制度环境对于不同类型协作关系差异性的影响。

第一节　城市属性异质性与大气府际协作关系

为了分析大气污染治理的城市政府间协作关系强度或协作程度与城市属性异质性、已有关系网络之间的关系，选择"城市间协作关系强度"作为因变量，7个属性特征及已有关系网络作为自变量。在这里，城市间协作强度是指两两城市之间在区域大气污染治理方面所展开的协作活动或建立的协作关系的强度。在操作化方面，根据相关数据构建了京津冀地区、长三角区域、珠三角地区、成渝城市群各自区域内 52 个城市之间、41 个城市之间、16 个城市之间、18 个城市之间的协作强度矩阵。使用绝对差值法（Absolute Difference）构建各属性变量的异质性矩阵。下面，分别对四个区域的城市间属性差异矩阵与协作强度之间的关系进行检验。

一、城市间协作强度与属性差异关系之间的相关性分析

表 5-1 为各区域属性变量异质性指标，可以看到单位 GDP 的 SO_2 排放量的异质性在各指标中最高，异质性最低的是第二产业增加值占比，人均财政支出、人均 GDP 的异质性差距不大，行政层级的异质性居中。对比各区域的属性异质性发现，人均财政支出的异质性上，长三角区域和珠三角地区最高，京津冀地区次之，成渝城市群最低；二产占比的异质性上，京津冀地区最高，长三角区域最低；人均 GDP 的异质性上，珠三角地区最高，成渝城市群最低，长三角区域低于京津冀地区异质性程度；长三角区域和成渝城市群单位 GDP 的 SO_2 排放量异质性最高，另外两个区域相对低；珠三角地区的城镇化率异质性最高；京津冀地

区和长三角区域的行政层级异质性最高，成渝城市群最低。从各区域已有关系网络的密度来看，京津冀地区最低，长三角区域最高，珠三角和成渝城市群次之。

表 5-1　2008—2016 年样本区域属性异质性指标、已有关系网络密度比较

	财政支出	二产占比	人均 GDP	SO₂/GDP	城镇化率	行政层级	已有关系
JJJ	0.5246	0.1692	0.5905	0.7729	0.2465	0.5650	0.1169
CXJ	0.6433	0.1389	0.5517	0.8220	0.2143	0.5622	0.539
ZXJ	0.6371	0.1489	0.7189	0.7229	0.3294	0.5465	0.2917
CD	0.4210	0.1432	0.4621	0.8163	0.2155	0.4243	0.2876

注：表中标签为用缩写表示。京津冀地区（JJJ）、长三角区域（CXJ）、珠三角地区（ZXJ）、成渝城市群（CD），下同。地理邻接性为关系矩阵，故不在此列出其异质性值。

　　下面使用 QAP 相关分析各个区域内城市间协作关系强弱与属性差异关系是否有关。表 5-2 是 QAP 相关分析的结果，比较各区域城市属性异质性与协作关系强弱的相关系数发现，财政支出异质性与协作关系强弱在京津冀地区和珠三角地区呈现显著正相关关系，即在这两个区域，城市间在财政支出上的差异越大，相互间的协作程度越高。二产占比异质性在长三角区域表现出显著正相关关系，在 0.1 水平上显著，在成渝城市群却表现出显著负相关关系，相关系数为 −0.455，在 0.01 水平上显著。单位 GDP 的二氧化硫排放量与京津冀地区的城市间协作在小于 0.1 的水平上呈显著正相关关系，而与珠三角地区、成渝城市群分别在小于 0.05、0.01 的水平上呈显著负相关关系。人均 GDP 异质性、城镇化率异质性与四个区域的城市协作关系均不存在显著相关关系。地理位置邻接性与四个区域的城市协作关系强度均在 0.01 水平上呈显著正相关关系，相关系数在珠三角地区和成渝城市群达到 0.4 以上。城市行政差异与四个区域的城市协作关系强度在 0.05 水平上表现出了显著正相关关系，珠三角地区和成渝城市群的相关系数最高。值得注意的是，各区域的已有关系网络与大气府际协作关系强度存在显著正相关关系，长三角区域相关系数甚至达到了 1，珠三角地区和成渝城市群次之，京津冀地区的相关系数相对较低，为 0.267。

表 5-2　城市协作关系与城市属性异质性、已有关系之间的 QAP 相关系数[①]

	财政支出	二产占比	人均 GDP	SO₂/GDP SO₂/GDP	城镇化率	地理邻接	行政层级	已有关系
JJJ	0.139*	−0.137	0.1196	0.133*	−0.015	0.086***	0.150**	0.267***
CXJ	0.117	0.158*	0.0901	−0.057	0.060	0.125***	0.176**	1.000***

---

① 资料来源：作者根据 QAP 相关分析计算结果整理。

续表

	财政 支出	二产 占比	人均 GDP	SO_2/GDP SO_2/GDP	城镇 化率	地理 邻接	行政 层级	已有 关系
ZXJ	0.223**	0.092	0.0602	−0.224**	−0.058	0.509***	0.262**	0.830***
CD	−0.194	−0.455***	−0.1740	−0.374***	−0.064	0.422***	0.240**	0.765***

注：城市属性异质性为城市间属性的差异关系矩阵。*、**、*** 分别表示 10%、5%、1% 的显著性水平。

二、区域大气府际协作关系 QAP 回归结果

为了进一步分析与属性特征差异关系、已有关系网络对城市间大气协作关系强度的影响，下面我们将利用 QAP 回归分析法，分别对四个区域进行检验。计算方法上采用双德克尔半分割 MRQAP 法（Multiple Regression QAP via Double Dekker Semi-Partialling）[①]。表 5-3 为区域大气府际协作关系的 QAP 多元回归模型结果。鉴于已有关系网络与府际协作关系之间的强正相关关系，我们将构建两个模型，一是不考虑已有关系网络的情况下，仅对城市属性异质性对大气府际协作关系的影响进行分析；二是加入已有关系网络变量后，对大气府际协作关系的影响。

在模型 1 中，财政支出异质性对京津冀地区和珠三角地区的大气府际协作关系有显著正向影响，而对成渝城市群为负向影响，说明在前两个区域城市之间财政支出的差距有助于协作关系的建立，却不利于成渝城市群之间城市大气协作关系的发展。二产占比异质性对京津冀地区、长三角区域和成渝城市群的大气府际协作均有显著负向影响，对珠三角地区没有显著有影响。人均 GDP 异质性仅对珠三角地区城市间大气协作关系有显著负向影响，回归系数为−0.429，在 0.1 水平上显著；该变量对其他三个区域没有显著影响。单位 GDP 的二氧化硫排放量异质性对珠三角地区的大气府际协作关系有显著负向影响，并在 0.01 的水平上表现出显著性；另外，对成渝城市群在小于 0.1 的水平上表现出显著负向影响；在其他两个区域上没有表现出显著影响。城镇化水平异质性对京津冀地区和长三角区域的城市间大气协作关系呈显著负向影响，尤其是在长三角区域，回归系数为−0.611，在 0.01 的水平上显著；在其他两个区域上没有表现出显著影响。地理邻接性对四个区域的大气府际协作关系均表现出了显著正向影响，且均在 0.01 的水平上显著；其中珠三角地区和成渝城市群两个省域内城市群的回归系数最高，分别为 0.530、0.245，京津冀地区次之，为 0.191，长三角区域的回归系数最低，为 0.077。这说明地理空间上临近成为各级政府在大气治理中选择

[①] 后面有关 QAP 回归分析均使用该计算方法。

协作者的重要因素之一。城市行政层级异质性同样对四个区域的城市间大气协作关系有显著正向影响，回归系数分别为 0.189、0.320、0.264、0.263，长三角区域最高，其次是珠三角地区和成渝城市群，京津冀地区最低；也就是说，城市间的行政层级差异有利于彼此成为共同协作者。

从调整后的确定系数（Adj R^2）来看，城市属性异质性变量分别能解释京津冀地区、长三角区域、珠三角地区、成渝城市群大气府际协作关系变异的 12.6%、30.3%、42.5%、38%，且都在 0.01 的水平上显著。表明模型 1 在四个区域都有较好的拟合度，珠三角和成渝城市群两个省域内大气协作区域最高，长三角区域次之，京津冀地区最低。这可能与各区域协作网络的规模大小有关。"♯ of Obs"表示各区域中城市协作矩阵的观察项，京津冀地区有 52 个城市，那么该矩阵为 52 列 52 行，观察项为 2652＝52×（52−1），长三角区域为 1640 个，珠三角地区为 240 个，成渝城市群为 306 个。Perms 为置换次数，在这里模型检验过程中的置换次数均为 2000 次。

在模型 2 中，随着已有关系网络变量的加入，京津冀地区财政支出异质性的作用得到加强，而城镇化率、地理邻接性和行政层级的作用减弱，新加入变量的回归系数为 0.207，显著性水平小于 0.01，整体模型的拟合度提高了 3.8%。在长三角区域，新加入变量的回归系数为 0.996，在 0.01 水平上显著，二产占比、城镇化率和行政层级的作用均不再显著，而单位 GDP 的二氧化硫排放量异质性的作用显著，模型拟合度达到 99.9%。对珠三角地区而言，新加入变量的回归系数为 0.727，降低了其他变量的影响力，拟合度较模型 1 提高了 34.5%。对成渝城市群而言，已有关系网络变量的回归系数为 0.702，在 0.01 水平上显著；新变量的加入调节了财政支出异质性的影响，使得其对协作关系的影响提高了 15%，降低了二产占比异质性、行政层级异质性的影响，并使地理邻接性的影响变得不再显著；最终使得模型拟合度提高了 35.3%。可见，各区域已有关系网络对于大气府际协作关系网络的形成具有很强的正向影响作用，其中以长三角区域最高，其次是珠三角地区和成渝城市群，而京津冀地区最低。

表 5-3　区域大气府际协作关系的 QAP 多元回归模型结果[①]

	JJJ		CXJ		ZXJ		CD	
	Mode 1	Mode 2	Mode 1	Mode 2	Mode 1	Mode 2	Mode 1	Mode 2
财政支出	0.213*	0.223*	0.167	0.001	0.362***	0.263***	−0.171*	−0.321***
二产占比	−0.199**	−0.183**	−0.123*	−0.001	0.014	0.024	−0.283***	−0.272***
人均 GDP	0.071	0.056	0.120	0.000	−0.429*	−0.289*	−0.083	0.029
SO$_2$/GDP	0.050	0.061	−0.098	−0.005***	−0.273***	−0.206***	−0.152*	0.025

[①]　资料来源：作者根据 QAP 回归分析结果整理。

	JJJ		CXJ		ZXJ		CD	
城镇化率	−0.269***	−0.247**	−0.611***	−0.002	0.275	0.088	0.122	0.079
地理邻接	0.191***	0.136***	0.077***	0.005***	0.530***	0.116***	0.245***	−0.013
行政层级	0.189*	0.160	0.320***	0.002	0.264**	0.113	0.263**	0.170**
已有关系		0.207***		0.996***		0.727***		0.702***
R^2	0.128	0.167	0.306	0.999	0.429	0.777	0.392	0.739
$AdjR^2$	0.126	0.164	0.303	0.999	0.425	0.770	0.380	0.733
Probability	0.000	0.000	0.000	0.000	0.000	0.000	0.000	0.000
# of Obs	2652	2652	1640	1640	240	240	306	306
perms	2000	2000	2000	2000	2000	2000	2000	2000

注：自变量汇报的均为标准化系数。*、**、*** 分别表示 10%、5%、1% 的显著性水平。

三、不同类型协作关系网络的影响因素分析

在区域大气污染的府际协作治理中，有不同的协作工具或协作类型。受内外部不同因素影响，会造成不同协作类型中的不同关系网络。在前一部分的分析中，我们将整体协作关系网络作为因变量，分析了影响城市间协作关系的因素。为了进一步分析城市属性异质性对协作关系中的哪些类型产生了影响，下面将使用 QAP 多元回归分析分别对各类型协作关系的影响因素进行检验。

表 5-4 为城市属性异质性对京津冀地区各类型协作关系的影响。可见财政支出异质性对规制型委员会和规制协议没有显著影响，对其他类型均有正向作用；二产占比异质性对规制型委员会协作关系的影响最大；人均 GDP 则对规制网络有正向影响，但只在 0.1 水平上显著；单位 GDP 二氧化硫排放量的异质性对规制协议有显著正向影响，而对规制网络则为负向影响；城镇化率除了对规制协议没有显著作用外，对其他类型均有负向影响；地理邻接性对所有类型协作关系均表现出了显著正向影响，尤其对于互助协议、协商型委员会、临时联席这三种没有上级政府介入的协作形式的影响最大；城市行政层级异质性旨在规制型委员会和规制协议两类上级政府采取的正式组织形式有显著正向影响。

表 5-4 京津冀地区各类型协作关系的 QAP 回归模型结果①

	规制型委员会	协商型委员会	规制网络	临时联席	规制协议	互助协议	委托协议
财政支出	0.103	0.304***	0.343***	0.286**	−0.044	0.399***	0.435***
二产占比	−0.257***	−0.089*	−0.034	−0.093*	−0.130	−0.059	−0.020
人均 GDP	0.192	−0.088	0.163*	−0.077	−0.173	−0.130	0.008
SO_2/GDP	0.103	−0.062	−0.116*	−0.068	0.212**	−0.057	0.112
城镇化率	−0.298**	−0.137*	−0.146*	−0.150**	0.121	−0.110*	−0.273**
地理邻接	0.069***	0.172***	0.138***	0.165***	0.103***	0.198***	0.096***
行政层级	0.233*	0.045	0.035	0.047	0.230*	0.027	0.147
R^2 R^2	0.122	0.082	0.088	0.076	0.127	0.118	0.183
AdjR^2 R^2	0.120	0.080	0.086	0.074	0.125	0.116	0.182
Probability	0.000	0.000	0.000	0.000	0.000	0.000	0.000
# of Obs	2652	2652	2652	2652	2652	2652	2652
perms	2000	2000	2000	2000	2000	2000	2000

注：自变量汇报的均为标准化系数。*、**、*** 分别表示 10%、5%、1%的显著性水平。

表 5-5 为城市属性差异性变量对长三角区域各协作类型的影响结果。可见，财政支出异质性和二产占比异质性对各类协作关系均没有显著影响。而人均 GDP 异质性则对临时联席和规制型协议两类协作关系有显著正向影响。单位 GDP 的二氧化硫排放量异质性除了对规制型协议没有显著影响外，对其他四个无上级介入的协作类型均有显著负向影响。城镇化率对于各类协作关系都表现出了显著负向影响。地理邻接性的作用在规制型协议上的影响相对较小，但均表现出了显著正向作用。城市行政层级异质性对于所有类型协作关系都存在显著正向影响，尤其是对临时联席和互助协议两类没有上级政府介入的协作类型影响更大。

表 5-5 长三角区域各类型网络协作关系的 QAP 回归模型结果②

	协商型委员会	临时联席	规制型协议	互助协议	共识
财政支出	0.052	−0.131	0.113	−0.128	0.128
二产占比	−0.099	−0.024	−0.120	0.007	0.165
人均 GDP	0.128	0.217**	0.271**	0.116	0.152

---

① 资料来源：作者根据 QAP 回归分析结果整理。
② 资料来源：作者根据 QAP 回归分析结果整理。

	协商型委员会	临时联席	规制型协议	互助协议	共识
SO_2/GDP	−0.149	−0.173**	−0.145	−0.276***	−0.286***
城镇化率	−0.556***	−0.248**	−0.586***	−0.315***	−0.418***
地理邻接	0.086***	0.063**	0.044*	0.096***	0.100***
行政层级	0.352***	0.485***	0.368***	0.471***	0.222*
R^2R^2	0.281	0.212	0.301	0.247	0.240
$AdjR^2R^2$	0.278	0.209	0.299	0.244	0.237
Probability	0.000	0.000	0.000	0.000	0.000
# of Obs	1640	1640	1640	1640	1640
perms	2000	2000	2000	2000	2000

注：自变量汇报的均为标准化系数。*、**、*** 分别表示 10%、5%、1% 的显著性水平。

表 5-6 为城市属性变量对珠三角地区各类型协作关系的影响结果。可以看到，财政支出异质性除了对协商型委员会没有显著影响外，对其他类型协作关系均呈显著正向作用。二产占比异质性则对协商型委员会和临时联席两类有显著正向影响。人均 GDP 异质性没有在互助协议上表现出显著负向影响。单位 GDP 二氧化硫排放量异质性对该区域内所有类型协作关系均有显著负向作用。城镇化率对协商型委员会和临时联席两类无上级政府介入的协作类型有显著正向影响。与前面两个协作区域类似，地理邻接性在各类型协作关系上均表现出正向影响。城市行政层级对于互助协议来说，并没有显著的正向影响作用。

表 5-6　珠三角地区各类型网络协作关系的 QAP 回归模型结果

	规制型委员会	协商型委员会	临时联席	规制型协议	互助协议	委托协议
财政支出	0.393**	0.138	0.299**	0.443***	0.290*	0.393**
二产占比	0.091	0.318***	0.178**	0.071	0.113	0.091
人均 GDP	−0.679**	−0.748**	−1.005***	−0.578*	−0.097	−0.679**
SO_2/GDP	−0.359**	−0.299**	−0.190**	−0.339**	−0.362**	−0.359**
城镇化率	0.315	0.487**	0.553**	0.183	−0.143	0.315
地理邻接	0.239***	0.218***	0.140*	0.236***	0.211***	0.315***
行政层级	0.376**	0.577**	0.593**	0.315*	0.282	0.376**
R^2R^2	0.331	0.430	0.290	0.341	0.379	0.331
$AdjR^2R^2$	0.314	0.415	0.272	0.324	0.363	0.314

续表

	规制型 委员会	协商型 委员会	临时 联席	规制型 协议	互助 协议	委托 协议
Probability	0.000	0.000	0.002	0.000	0.000	0.000
♯ of Obs	240	240	240	240	240	240
perms	2000	2000	2000	2000	2000	2000

注：自变量汇报的均为标准化系数。$*$、$**$、$***$ 分别表示 10%、5%、1% 的显著性水平。

表 5-7 为城市属性异质性对成渝城市群各类型协作关系的回归结果。可见，在该区域，财政支出异质性对于规制型协议表现出了很强的负向作用，二产占比异质性在规制型协议、规制型委员会和临时联席上也表现出了显著负作用。人均 GDP 对规制型协议有正向影响。单位 GDP 的二氧化硫排放量对规制型网络和互助协议有显著负向影响。城镇化率对规制型协议有负向作用。地理邻接性对规制型网络和互助协议表现出显著正向作用。行政层级在规制型委员会、临时联席和规制型协议三类的协作关系有正向影响，尤其是对临时联席的作用最大。

表 5-7　成渝城市群各类型网络协作关系的 QAP 回归模型结果①

	规制型 委员会	规制型 网络	临时联席	规制型 协议	互助 协议
财政支出	−0.158	0.101	−0.024	−0.680***	0.072
二产占比	−0.463***	0.043	−0.298***	−0.283***	0.075
人均 GDP	−0.190	−0.279	−0.191	0.385**	−0.194
SO_2/GDP	−0.049	−0.303***	−0.092	−0.055	−0.293***
城镇化率	0.182	0.331	0.209	−0.362*	0.236
地理邻接	0.024	0.260***	0.078	−0.059	0.273***
行政层级	0.290**	0.130	0.418**	0.362**	0.218
$R^2 R^2$	0.391	0.244	0.362	0.538	0.264
AdjR$^2 R^2$	0.379	0.229	0.349	0.528	0.249
Probability	0.000	0.000	0.002	0.000	0.000
♯ of Obs	306	306	306	306	306
perms	2000	2000	2000	2000	2000

注：自变量汇报的均为标准化系数。$*$、$**$、$***$ 分别表示 10%、5%、1% 的显著性水平。

---

① 资料来源：作者根据 QAP 回归分析结果整理。

四、数据结果意义分析

结合前面 QAP 回归分析结果，发现财政支出异质性对大气府际协作关系有显著影响，在京津冀地区和珠三角地区为积极作用，而成渝城市群则为负作用。这表明，在上级政府介入程度高的区域，城市在财政能力上的异质性会倒逼大气府际协作。前两者为国家开展大气联防联控的重点区域，因此，无论是中央政府还是省政府对区域内城市间协作的介入程度都很高。通过分析该变量对不同类型协作关系的影响发现，财政支出异质性对京津冀地区的规制型委员会和规制协议不起作用。这两种均为有上级权威介入的正式的协作形式，这表明在该地区，上级政府通过政治或行政的手段来协调区域内大气府际协作关系的时候，各城市在财政支出上的差异并不是其主要考虑因素。在珠三角地区，该变量对于协商型委员会没有显著影响，原因在于该区域的没有上级介入的正式组织主要依托各都市圈已有的关系而来。成渝城市群更多地在四川省政府的领导下开展大气协作，中央政府的介入程度相对较低，这就减少了省政府协调区域内城市的外在压力，同时使得该区域内地方政府间的协作有了更多的主动权，所以会倾向于选择与财政能力差异相对较小的城市开展协作。通过分析不同协作类型上的差异发现，财政能力异质性只对规制型协议表现出显著负向影响，原因在于四川省政府将协作城市分为成都及周边地区、川东北和川南三个子群，除了成都市的财政能力相对强之外，各子群内部成员间的财政支出水平相对接近。

不管上级政府介入强弱程度，各区域城市在第二产业对 GDP 增长的贡献率上的差异不利于彼此间协作的研究假设在京津冀地区和成渝城市群得到验证，长三角区域在已有关系网络变量的调节下变得不显著。这说明产业结构与环境发展相冲突时，第二产业占比高的地区是不愿意牺牲经济发展而主动开展大气协作的，这就倒逼上级政府整合产业结构相似的地区开展协作。结合具体协作类型来看，该变量主要对有上级介入的正式的协作形式（规制型委员会、规制型协议）产生影响。主要原因在于，较高的第二产业占比可能意味着更高的 GDP 水平和更高的大气污染，这类区域彼此之间是不愿意进行协作的，上级政府通过建立正式的组织形式来协调这类城市。另外，成渝城市群的临时联席也表现出了显著性，原因在于临时联席主要发生在成都与周边二产占比较高的地区，如德阳、眉山等地。虽然该变量对珠三角地区的总体协作关系没有产生显著影响，但对没有上级介入的两类组织形式（协商型委员会、临时联席）有正向影响。如前所述，珠三角地区大气协作以都市圈及各自扩容城市之间的协调形式为主，都市圈内部二产占比异质性倒逼它们相互协作。

人均 GDP 异质性在珠三角地区不利于大气府际协作关系，在其他区域的作用没有表现出统计意义上的显著性。具体来说，该变量除了对珠三角地区的互助性协议没有表现出显著影响外，对其他类型的协作关系均有显著负向影响。结合现实材料分析发现，珠三角地区的大气府际协作主要集中在广佛肇、深莞惠、珠中江三个核心都市圈，且核心都市圈城市的经济发展水平都相对接近，与都市圈周边经济相对落后的扩容城市之间协作相对少。该变量虽然对长三角区域的整体协作关系没有表现出显著影响，但对组织类型中的临时联席和规则类型中的规制型协议均有显著正向影响，也就是说无论在有无上级权威介入的情况下，经济发展水平差异大的城市之间在大气污染治理方面都有着较多的协作。比如在南京都市圈，安徽省内的城市经济水平相对落后于江苏省内城市，但彼此的协作却较多。

单位 GDP 的二氧化硫排放量反映了经济发展所付出的空气质量代价，与产业结构异质性的影响类似，城市之间在该变量上的差异越大，单位 GDP 二氧化硫排放量较多的一方在协作过程中需要承担更多的成本，而收益却是由协作双方共享，即会导致协作双方在成本收益上的分配难度加大，造成主动协作动力的减弱，不利于协作关系的建立与发展。虽然该变量在京津冀地区的整体协作关系上没有表现出显著影响，但却对规制型协议类协作关系有显著的正向作用。在长三角区域，该变量在没有上级介入的临时联席、互助协议和共识三种类型上表现出强负相关关系，证实了前面的论述。

区域内城镇化水平异质性代表着各地不同的利益诉求，异质性程度越高，彼此间协作成本越大；另外，四个区域同时也是我国发展程度相对较高的城市群，尤其是长三角区域、京津冀核心地区，城市群内部城镇化率相对较高且接近，各城市之间不仅在经济社会方面拥有很强的联系，也面临着相似的环境问题。因此，城镇化异质性不利于区域大气府际协作关系。该变量虽然对珠三角地区整体协作关系没有表现出显著影响，但对协商型委员会和临时联席有很强的正向作用，造成与前两个区域相反影响的原因在于，通过广东省政府的相关大气联防联控规划，广佛肇、深莞惠、珠中江核心都市圈都与各自扩容城市（城镇化率相对较低）有着密切的协作关系。

地理邻接性均有利于各区域的大气府际协作关系，一方面在于地理位置的邻接意味着潜在的协作双方一般面临着相同的大气污染问题，有着相同的协作动因；另一方面相邻城市地缘相亲，且长期互动为彼此积累了协作的社会资本，有助于降低协作风险。具体从各协作类型来看，该变量对四个区域没有上级介入的、正式的组织或规则形式的协作关系的影响更大。表明在区域大气府际协作中，相邻城市间依托已有协作经验和积累的社会资本，更愿意采取正式的协作形式来节约协作成本、控制协作风险。

行政层级异质性有利于对于区域大气府际协作，虽然长三角区域和珠三角地区在已有关系网络的影响下变得不显著，但是该变量在京津冀地区和成渝城市群

的作用仍然显著。在前面的分析中我们提到，中国城市行政层级越高，其拥有和可获得更多的资源，相应的经济社会发展程度也更高。城市政府更愿意同财政能力、经济基础相似的城市开展大气协作治理，而行政层级的高低同样是行动主体选择协作对象的重要影响因素。这实际上反映出我国城市行政层级制度在处理区域性公共事务时具有一定优越性。一方面，在一定区域内，较高行政层级的城市占少数，其城市经济社会发展水平更高，对大气污染问题更为敏感，可能有协作治理的内在动力，且它们往往被赋予牵头展开大气联防联控的重要政治任务；另一方面，中国高行政层级的领导与上级政府之间的联系更为紧密，或者在上级党政系统中担任重要职务，当上级政府施压要求开展区域联防联控时，他们更有可能成为区域协作的倡导者。对于行政层级较低的城市来说，选择有更高层级城市加入的协作网络，有助于减少协作过程中的协调成本和背叛风险；并且相对较低层级的政府官员也更倾向于与高行政层级城市协作，以此可能获得更多的政治资源。长三角区域和珠三角地区城市群已有关系网络成熟，内部成员之间形成了密度较大且结构相对稳定的关系结构，在此因素的作用下，高行政层级的政府在大气协作中需要发挥的牵头协作等作用被削弱。

　　前面回归分析结果显示区域内城市间已有关系网络对于大气府际协作起着很强正向作用，但在各个区域中表现不一致。如前所述，长三角区域和珠三角地区两个城市群是国内发展最为成熟的区域，网络密度值分别为 0.539、0.2917；京津冀地区的城市在经济社会方面联系紧密的主要为京津冀都市圈和山东省内城市群，其他城市之间并没有稳定成熟的具有一定规模的城市群，所以从整体区域来看，城市间已有关系网络的密度会小于其他区域，为 0.1169；成渝城市群近年在四川省政府的发展战略下，形成了成都及周边地区、川东北地区和川南地区三个经济协作区，并以省会及周边地区发展最为成熟，整个区域城市联系网络结构相对稳定，整体密度为 0.2876。因此，区域已有协作网络在密度、凝聚度等结构方面越成熟，越有利于区域内其他公共事务的协作解决。

第二节　城市异质性与大气府际协作网络结构

　　区域大气协作网络结构是指在一定空间范围内，由政府主体围绕大气污染治理互动形成的相对稳定的连接关系。不同的协作主体在网络中处于不同位置，其拥有的权力、影响力也存在差异。我们认为，协作网络中行动者位置结构与其自身属性有关。在区域大气协作网络中，参与协作的城市在环境质量、财政能力、经济基础、社会发展水平、行政层级等方面的差异，使各自拥有不同的资源、能力和话语权等可能影响其在协作网络中地位或影响力的因素。我们使用特征向量中心度指标（Eigenvector Centralities）来表示城市在整体网络中的地位，使用点度中心度（Point Centrality）来衡量城市在局部网络中的影响力[1]。下面将使用标准回归分析和 QAP 回归分析法分别对影响各区域大气协作网络中城市中心度、城市中心度差异的属性因素进行检验。

一、城市属性变量与大气府际协作网络结构关系的参数检验

在这里，城市属性变量是通过标准化处理后的连续型变量，包括 6 个属性变量作为自变量；网络结构变量包括标准化后的特征向量中心度指标（nEigenvector）和标准化后的点度中心度指标（NrmDegree），作为因变量。

（一）城市属性变量与大气府际协作网络结构的相关性分析

表 5-8 为四个大气府际协作区域的城市属性变量与网络中心度指标的相关系数分析结果。可以看到，财政能力与京津冀地区、长三角区域和珠三角地区城市在区域大气府际协作网络中的整体影响力都表现出了显著的正相关关系；而与京津冀地区以及成渝城市群城市的局部影响力不存在显著相关关系。二产占比与京津冀地区城市的整体影响力存在负相关关系，而与局部影响力存在正相关关系，与长三角区域城市的局部影响力也存在正相关关系。人均 GDP 与长三角区域、珠三角地区两个区域内城市的整体影响力和局部影响力都存在显著正相关关系，而与其他两个区域没有表现出统计意义上的相关性。单位 GDP 的二氧化硫排放量与珠三角地区、成渝城市群两个省内协作区域的城市整体影响力和局部影响力均存在显著负相关关系。城镇化率与京津冀地区城市的整体影响力呈正相关关系，与局部影响力呈负相关关系，与长三角区域和珠三角地区两个区域城市的整体影响力和局部影响力呈显著正相关关系。城市行政层级只与京津冀地区城市的局部影响力呈现显著正相关关系。

表 5-8　样本区域城市属性变量与中心度指标的相关系数[2]

		财政支出	二产占比	人均 GDP	SO$_2$/GDP	城镇化率	行政层级
JJJ	nEigenvector	0.261*	−0.267*	0.161	0.086	0.271*	0.208
	NrmDegree	−0.14	0.289**	−0.083	0.073	−0.264**	0.498***
CXJ	nEigenvector	0.348**	0.192	0.566***	−0.166	0.583***	0.216
	NrmDegree	0.248*	0.241*	0.473***	−0.170	0.439***	0.201

---

① 点度中心度测量的是与网络中点有直接关系的点的数目，表示的是其在紧邻的环境中的位置或拥有的权力。在本书中的含义为某一城市与其他城市建立直接协作关系的数量。特征向量研究的目的是为了在网络总体结构的基础上，找到最居于核心的行动者，并不关注比较"局部"的模式结构。详细可见刘军：《社会网络分析导论》. 北京：社会科学文献出版社，2004. 第 132—134 页.

② 资料来源：作者根据 SPSS21.0 计算整理.

		财政 支出	二产 占比	人均 GDP	SO_2 /GDP	城镇 化率	行政 层级
ZXJ	nEigenvector	0.557**	0.173	0.789***	−0.630***	0.808***	0.410
	NrmDegree	0.565**	0.148	0.799***	−0.611**	0.813***	0.424
CD	nEigenvector	−0.135	−0.003	0.208	−0.477**	0.184	0.328
	NrmDegree	−0.250	−0.011	0.146	−0.447*	0.137	0.297

注：*、**、*** 分别表示 10%、5%、1% 的显著性水平。

(二) 城市属性变量与大气府际协作网络结构的回归分析

下面将采用多元回归分析（Multiple Regression Analysis）对城市属性变量是否对大气府际协作网络结构存在显著影响进行检验，表5-9为多元回归模型结果。在自变量的筛选方法上，逐步剔除变量，以得到最佳拟合模型。其中，调整后的 R 方（Adj R^2R^2）表示因变量 Y 的全部变异中能通过自变量回归系数被自变量解释的比例，珠三角地区模型拟合度最高，达到了 60% 以上，长三角区域和京津冀区域相对较低，但大多在 20% 以上。F 检验的 P 值均达到了显著性水平。使用 D. W 统计量对残差的独立性进行检验，多数模型的值都接近于 2，说明独立性较好。

从各解释变量的回归系数来看，财政支出水平对成渝城市群城市在整体网络中的地位和局部网络中的地位均有负向影响，在 0.01 水平上达到显著；对其他三个区域城市的协作地位也为负向影响，但并没有表现出统计意义上的显著性。在成渝城市群，二产占比对其城市在大气协作中的局部网络地位，在 0.01 水平上表现出显著负向影响。人均 GDP 对京津冀地区城市在协作网络中的整体地位有负向影响，在 0.1 水平上显著；而对于长三角区域、珠三角地区和成渝城市群城市的协作地位则是显著正向影响，并在 0.01 水平上显著。除了珠三角地区，单位 GDP 的二氧化硫排放量对其他三个区域城市的协作地位有显著负向影响，尤其是对成渝城市群。城镇化率对于提高长三角区域城市在整体协作网络中的地位有重要作用，并在 0.01 水平上显著。行政层级有利于京津冀地区城市在整体和局部协作网络中的地位，分别在 0.05 和 0.01 水平上显著；该变量对成渝城市群城市的局部地位有正向影响，在 0.05 水平上达到显著。

从各区域来看，在京津冀地区的整体和局部协作地位回归模型中，在控制其他变量的情况下，行政层级的作用最大。长三角区域的整体协作地位回归模型中，城市的城镇化率对协作地位的影响最大，回归系数达到了 0.91；其次是单位 GDP 的二氧化硫排放量，但它并不利于城市在协作网络中地位的提高，表明环境质量越差的城市在进行大气污染协作治理方面越不积极。人均 GDP 有利于该区域城市在局部网络中的地位。对于珠三角地区而言，人均 GDP 对城市在整体和局部协作网络中地位的影响最大，回归系数达到了 1.20 以上。在成渝城市群的整体协作地位回归模型中，在控制其他变量的情况下，人均 GDP 的作用最大，有助于其在整体协作网络中的地位，其次是单位 GDP 的二氧化硫排放量和财政支出两个变量，表现出负向影响；在该地区的局部协作地位回归模型中，二产占比的回归系数为 0.644，单位 GDP 的二氧化硫排放量和财政支出两个变量的作用次之，回归系数分别为 −0.659、−0.587，行政层级有利于城市的局部协作地位，回归系数为 0.581。

表 5-9　样本区域大气协作网络结构的多元回归模型结果①

	JJJ		CXJ		ZXJ		CD	
	nEigenvec	NrmDegree	nEigenvec	NrmDegree	nEigenvec	NrmDegree	nEigenvec	NrmDegree
财政支出		−0.124	−0.237		−0.295	−0.302	−0.600 **	−0.587 **
二产占比	−0.158	0.130						0.664 **
人均 GDP	−0.280 *	−0.132		0.473 ***	1.207 ***	1.215 ***	0.799 ***	
SO_2/GDP	−0.263 *	−0.016	−0.287 **				−0.667 ***	−0.659 ***
城镇化率		0.242	0.910 ***					
行政层级	0.342 **	0.633 ***	−0.226		−1.034	−0.228		0.581 **
R^2	0.170	0.224	0.447	0.224	0.689	0.704	0.565	0.607
AdjR^2	0.099	0.233	0.385	0.204	0.611	0.630	0.472	0.485
F（Sig.）	2.407 *	16.461 ***	20.062 ***	11.256 **	8.858 ***	9.507 ***	6.065 ***	5.010 **
Durbin-Waston	0.490	1.926	1.690	2.363	2.231	2.404	2.355	2.085
样本数	52	52	41	41	16	16	18	18

注：自变量汇报的均为标准化系数，*、**、*** 分别表示 10%、5%、1% 的显著性水平。空白栏表示该变量未进入回归模型。

二、城市地位差异的影响因素分析

前面的多元回归分析是对个体变化趋势的预测，但没有对影响两两城市在协作网络中地位差异关系的因素进行分析。下面将运用 QAP 法对城市属性异质性与协作地位差异关系的关系进行分析。

（一）QAP 相关分析

从 QAP 相关系数表 5-10 可以看到，财政支出异质性与京津冀地区、成渝城市群的城市间局部地位差异有显著正相关关系，与珠三角地区的两类地位差异均有显著正相关关系。二产占比异质性对长三角区域和成渝城市群城市间地位差异

① 资料来源：作者根据 SPSS21.0 计算整理。

有显著正相关关系。人均 GDP、单位 GDP 的二氧化硫排放量、城镇化率、行政层级的异质性也与被解释变量之间存在显著正相关关系，地理邻接性则表现出显著负相关关系。

表 5-10 样本区域大气协作网络中城市属性异质性与地位差异的 QAP 相关系数[①]

	JJJ		CXJ		ZXJ		CD	
	nEigenvec	NrmDegree	nEigenvec	NrmDegree	nEigenvec	NrmDegree	nEigenvec	NrmDegree
财政支出	0.040	0.436 ***	−0.002	−0.041	0.136 *	0.141 *	0.118	0.236 **
二产占比	0.057	0.128 *	0.213 **	0.199 ***	−0.010	0.004	0.243 **	0.345 ***
人均 GDP	−0.047	0.196 **	0.215	0.160 ***	0.481 ***	0.493 ***	0.260 **	0.299 **
SO_2/GDP	−0.095 *	0.002	0.090	0.045	0.257 ***	0.236 **	0.176 **	0.219 **
城镇化率	0.032	0.294 ***	0.348	0.198 **	0.548 ***	0.555 ***	0.195 **	0.220 **
地理邻接	−0.253	−0.098 ***	−0.175	−0.188 ***	−0.290 ***	−0.289 ***	−0.276 **	−0.277 **
行政层级	0.017	0.459 ***	−0.106	−0.031	0.062	0.074	0.509 ***	0.523 ***

注：检验方法为 Pearson 双侧相关分析。*、**、*** 分别表示 10％、5％、1％的显著性水平。

（二）QAP 多元回归结果

从表 5-11 可以看到，不同于标准多元回归的分析结果，区域大气府际协作中城市间地位差异受到了城市属性异质性的影响。财政支出异质性对京津冀地区的城市间地位差异有显著正向作用，且对局部地位差异的作用程度更大；而对长三角区域和珠三角地区都为显著负向影响，对局部地位差异关系的作用略大于整体的。二产占比异质性对长三角区域和成渝城市群城市间的局部地位差异有显著正向影响。除了京津冀地区的局部地位差异和长三角区域的整体地位差异外，人均 GDP 异质性对京津冀区域城市的整体地位差异有显著负向作用，对其他地区的被解释变量均有显著正向作用，尤其对珠三角地区，回归系数达到了 0.85 以上。城镇化率只对长三角区域的被解释变量有显著正向作用。地理邻接性对所有区域的两个地位差异变量均起正向作用。行政层级对京津冀地区的局部地位差异为正向作用，对长三角区域和珠三角地区的相关被解释变量起负向作用。

表 5-11 样本区域大气协作网络中城市地位差异的 QAP 多元回归模型结果[②]

	JJJ		CXJ		ZXJ		CD	
	nEigenvec	NrmDegree	nEigenvec	NrmDegree	nEigenvec	NrmDegree	nEigenvec	NrmDegree
财政支出	0.179 *	0.336 **	−0.213 ***	−0.297 ***	−0.316 ***	−0.330 ***	−0.035	0.129

---

① 资料来源：作者根据 QAP 相关分析结果整理。
② 资料来源：作者根据 QAP 回归分析结果整理。

续表

	JJJ		CXJ		ZXJ		CD	
二产占比	0.041	−0.049	0.067	0.164**	0.016	0.030	0.027	0.169*
人均GDP	−0.215***	−0.115	0.023	0.140**	0.859***	0.898***	0.384**	0.316*
SO_2/GDP	−0.135***	−0.015	0.076	−0.013	0.169**	0.142*	0.066	0.035
城镇化率	0.062	−0.044	0.537***	0.217***	−0.067	−0.084	−0.258	−0.239
地理邻接	−0.256***	−0.090***	−0.126***	−0.157***	−0.175**	−0.175**	−0.224***	−0.156**
行政层级	−0.092	0.286**	−0.217***	0.015	−0.277**	−0.276**	0.093	−0.006
$R^2 R^2$	0.100	0.244	0.259	0.139	0.410	0.413	0.135	0.182
$AdjR^2 R^2$	0.098	0.242	0.256	0.136	0.394	0.398	0.118	0.166
Probability	0.000	0.000	0.000	0.000	0.000	0.001	0.000	0.000
# of Obs	2652	2652	1640	1640	240	240	306	306
perms	2000	2000	2000	2000	2000	2000	2000	2000

注：自变量汇报的均为标准化系数。*、**、*** 分别表示10%、5%、1%的显著性水平。

三、数据结果意义分析

在本节，我们采用了两种统计方法分别对影响区域大气府际协作关系网络结构的因素进行分析。统计分析结果显示，人均GDP对长三角区域、珠三角地区和成渝城市群的城市地位都有显著正向作用，假设得到验证。人均GDP对京津冀地区城市的协作地位有负向作用，与假设相反。这可能与该区域外部权威介入程度更高有关。而财政支出异质性程度越高，使得京津冀地区城市地位差异越大。在长三角区域、珠三角地区的回归结果则与京津冀地区相反，表明财政支出能力的差距并不会导致大气协作中城市地位差距的拉大。我们认为，这可能与各区域的协调规模、协调难度、协调方式不同相关。京津冀地区共涉及7个省（市、区）、52个城市，协调规模和难度都比其他三个地区大，协调方式更多地通过中央政府的政治、行政手段，让财政能力更强的城市承担更多的责任。而长三角区域和珠三角地区由于城市间已有联系更为紧密，中央政府介入的程度也相对较小，平等协作程度更高。

经济发展水平对于长三角区域城市的局部地位是有显著正向作用的，这同长三角区域形成的多中心协作结构分不开。结合该地区实际的大气府际协作情况可知，该地区南京都市圈、杭州都市圈、宁波都市圈、上海及周边城市等构成几个紧密联系的协作子群，每个子群内部城市间在经济发展水平上是存在差异的，如南京、杭州、宁波、上海、苏州等城市的人均GDP显著高于其他城市，这就使得少数城市在局部协作网络中表现出更大的影响力。再看人均GDP异质性对城市间协作影响力差异关系的影响。该变量对京津冀地区为显著负向作用，也表明

城市经济发展水平并不是拉大地位差距的原因；而对其他三个区域城市地位差异为显著正向影响，验证了假设。

财政能力对成渝城市群城市的协作地位有显著负向影响，对其他区域城市没有表现出显著性作用，这与假设相反。我们认为，成渝城市群经济水平相对其他区域更低，对环保的重视程度不足，因而财政资金更多地投入到经济发展和社会民生等方面。在成渝城市群，二产占比越高的城市经济发展水平相对更高，在其局部协作网络中发挥着更重要的作用。城市的单位 GDP 二氧化硫排放量越大，会使得其在大气协作网络中的地位越低。结合各城市的该指标数据发现，攀枝花、宜宾、内江、广安、泸州、广元等地的值在该区域所有城市中相对较大，而该区域开展联防联控最多的城市主要为成都及周边城市群，在协作网络中的影响力最大。因此，对于成渝城市群而言，单位 GDP 二氧化硫排放量的多少并不能决定其在网络中的位置。事实上，我们认为这与中央及省政府等上级权威组织对该区域大气污染治理的重视程度有关。单位 GDP 二氧化硫排放量异质性不会造成京津冀地区城市地位差距的扩大，同样验证了该变量并不是造成该区域大气协作网络中各城市地位差距的主要原因。单位 GDP 二氧化硫排放量异质性会导致珠三角地区城市地位差距扩大。但是具体来看，该区域的云浮、韶关、清远、河源等城市的排放量是最大的，但却处于大气协作网络的边缘，而处于核心的主要是传统意义上的珠三角"9 市"。可见协作地位的差距并不是由该指标引起的。

城镇化率对城市在大气协作网络地位中的正向影响在长三角区域和珠三角地区得到了验证。长三角区域城镇化率较高的城市主要为上海市、南京、杭州、苏州、宁波、常州等，它们同时是经济发展阶段相对领先的和较高行政层级的城市，使得其一方面对空气质量更为敏感，有较强的内在协作动力和协作能力，另一方面制度环境也赋予了它们在开展大气联防联控中充当领袖的责任和任务。这种差异性也造成了长三角区域城市在协作网络中的地位差异。珠三角地区的情况与此类似，珠三角 9 市拥有相对较高的城镇化水平，在开展联防联控时拥有较强的内在协作动力和协作能力，使之在整体协作网络中处于核心地位。但这种差异并没有明显导致长三角区域城市在大气协作网络中的地位差异。

行政层级对于京津冀地区城市在大气协作网络中的局部地位有显著正向影响，验证了假设。具体来说，该地区大气协作网络结构可以分为两类，一类是以北京、天津和河北的城市组成的跨省（市）的京津冀核心协作区，另一类是山西、山东、河南等省内部围绕省会城市或中心城市而形成的协作区。可见，这些局部子群内部都存在少数具有高行政层级的城市，如北京、天津、济南、青岛、太原、郑州等，这些城市的行政层级地位赋予了其开展联防联控的责任。同样，行政层级异质性加大了该区域城市在大气协作网络中的地位差异。而长三角区域和珠三角地区城市间行政层级差距并没有拉大其在网络中地位的差距，究其原因，我们认为这两个区域内部城市间已有关系网络成熟，几个城市群都建立了正式的联席制度，联席成员在网络中的权力地位较为平等，形成了更为扁平的协作模式。

第三节 大气府际协作关系与协作类型

在前面两节，我们主要从城市属性方面对影响大气府际协作关系及其网络结构的因素进行了分析。事实上，区域大气府际协作网络包括协作城市、隶属事件或组织两类主体要素，主体要素又可构成两类关系网络，一是包括"城市—城市"关系、"事件/组织—事件/组织"关系两个 1—模网络，二是"城市—事件/组织"关系的 2—模网络。因此，为了更好地理解中国区域大气府际协作治理关系，还需要对"事件/组织—事件/组织"关系和"城市—事件/组织"关系进行研究。

在第三章，我们结合中国制度环境等将区域大气府际协作类型划分为组织、规则两个层面，每个层面又包括了上级权威介入与否、是否正式两个维度，共形成了 8 种协作类型[①]（详见图 3-4）。那么，每种类型之间的关系，以及协作类型与其所属城市之间的关系构成本节的研究重点。通过对这两类关系的分析，我们能够从外部制度环境和组织性质等方面分析影响大气府际协作关系的重要因素。

一、"城市—协作类型" 2—模网络结构的定量分析

通过对城市共同参与事件或组织的归类，形成了"城市—协作类型"的 2—模网络数据。下面将利用该数据对 2—模网络的结构进行分析。首先是对各类型协作网络的中心度分析，结果见表 5-12，并利用 Netdraw 程序对 2—模网络的点度中心度（Degree）、中间中心度（Betweenness）和接近中心度（Closeness）[②] 进行可视化（图 5-1）。在该可视化网络图中，圆形代表行动者，即参与协作网络的城市政府，方形代表协作类型，线用来表示城市政府与协作类型之间的关系；圆形或方形的面积大小表示在某一指标上的强弱程度，线条粗细则表示关系的紧密程度。在 MDS 图中，距离越近的点关系越紧密。

（一）京津冀地区

结合中心度指标和可视化网络图，可以看到，京津冀地区各类协作的中间中心度相比点度中心度和接近中心度更低，表明虽然有部分协作类型的影响力和控

---

① 八种协作类型分别为规制协议（R1）、互助协议（R2）、委托协议（R3）、共识（R4）、规制型委员会（O1）、协商型委员会（O2）、管制网络（O3）、临时联席（O4）。

② 2—模网络的各中心度指数计算方法，可见刘军：《整体网分析》，上海：格致出版社，2014，第 285—287 页。

制力更强，但是整体通达性相对较好。无论从点度中心度、中间中心度，还是从接近中心度来看，规制型委员会和规制协议均居于协作类型的核心，联系也最紧密，二者所属的行动者重合性非常高，几乎包括了所有行动者，控制着整个大气协作网络中城市政府之间的联系；其次是委托协议，其所属行动者明显可分为两个子群，一是北京、天津及河北11市组成的较为紧密的跨省级协作子群，二是由山西省会城市群和山东相关城市组成的联系相对松散的各自省域内的协作子群。规制型网络、临时联席和协商型委员会处于协作类型的边缘，行动者也多集中在京津冀13市的核心城市群。结合2—模网络的核心—边缘分析，得到由规制型协议、互助协议、规制型网络三个协作类型和北京、天津、河北11市共13个城市组成的核心区域，且最终拟合度达到了0.873。可见，虽然规制型委员会居于协作类型的核心，但只是在连接网络中大多数行动者时起作用，而对连接协作的核心城市并不起作用。

（二）长三角区域

在长三角区域，规制型委员会、临时联席、规制型协议、互助协议、共识5种协作类型的中心度指标相等，处于核心地位，在网络图中彼此距离接近；这5种协作类型连接了区域内大多数城市，也就是说大多数城市都可以通过这些协作类型发生联系。而协商型委员会与前五者之间表现出差异性，在网络图中与其他协作类型距离较远，处于相对边缘地位，与其相连的城市主要为南京都市圈成员、杭州都市圈成员和宁波都市圈成员。再结合2—模网络的核心—边缘分析，发现规制型委员会、协商型委员会、规制型协议三个协作类型和上海、南京、无锡、淮南、常州、苏州、南通、连云港、淮安、盐城、扬州、镇江、泰州、马鞍山、杭州、舟山、湖州、宁波18个城市共同构成核心区域，最终拟合度为0.89。可以看到，在长三角区域的大气府际协作治理中，协商型委员会大多依托于都市圈成员城市间的关系而建立，虽然对连接整体协作网络中的大多数成员作用较小，但却是该区域大气府际协作的核心。

（三）珠三角地区

在珠三角地区，协商型委员会在所有协作类型中处于核心地位，其点度中心度和接近中心度达到了1，表明所有城市都通过这种正式的没有上级权威介入的组织形式联接在一起，从而实现区域大气污染治理的府际协作；其次是互助协议，除开边缘地区的韶关、清远和云浮3市外，其他城市都可以通过正式的平等性的府际协议来实现协作治理过程中的互动；再次是规制型委员、规制型协议和委托协议，从网络图上可以看到三者的面积和距离均相近，表明这三者在所有协作类型中的地位相当；最后是临时联席，参与该协作类型的城市为广州、深圳、珠海、佛山、东莞、惠州、肇庆7个，说明通过该协作类型建立联系的频率相对较低，处于所有协作类型中的边缘地位。结合2—模网络的核心—边缘分析，得到由规制型委员会、协商型委员会、互助协议和广州、深圳、珠海、中山、肇庆、惠州、东莞、江门组成的核心区域，其他协作类型和城市则构成相对边缘区域，最终拟合度良好，系数为 0.885。

（四）成渝城市群

在成渝城市群，规制型协议的点度中心度和接近中心度最大，但与规制型委员会和临时联席的差距不大，表明这三种类型在所有协作类型中居于核心地位，发挥着连接大多数城市的作用；而规制型协议与其他协作类型的中间中心度差异很大，表明该类型在整个网络中对行动者之间联系的控制力最强，省级政府出台的政策是该区域城市政府间展开协作的主要依据。2—模网络的核心—边缘分析并没有展示出明显的结构划分，拟合度为 0，这主要与四川省内分为成都及周边城市、川东北、川南三大区分别开展大气污染联防联控有关。根据网络图，我们仍然可以将其协作结构大致分为两部分，一是由成都、德阳、绵阳、遂宁、雅安、乐山、眉山、资阳在内的协作紧密的 8 市和互助协议、规制型网络、规制型委员会构成，二是由区域内其他城市和协作类型构成。

表 5-12　各协作类型网络的中心度分析结果（事件网络）①

区域	中心度 指标	规制型 委员会	协商型 委员会	规制型 网络	临时 联席	规制型 协议	互助 协议	委托 协议	共识
	Degree	1.000	0.250	0.385	0.308	1.000	0.423	0.712	
JJJ	Betweenness	0.340	0.007	0.033	0.014	0.340	0.033	0.131	
	Closeness	1.000	0.451	0.500	0.471	1.000	0.516	0.681	
	Degree	1.000	0.756		1.000	1.000	1.000		1.000
CXJ	Betweenness	0.146	0.075		0.146	0.146	0.146		0.146
	Closeness	1.000	0.718		1.000	1.000	1.000		1.000
	Degree	0.600	1.000		0.467	0.600	0.800	0.600	
ZXJ	Betweenness	0.037	0.443		0.019	0.037	0.151	0.037	
	Closeness	0.676	1.000		0.610	0.676	0.806	0.676	
	Degree	0.833		0.444	0.833	0.944	0.444		
CD	Betweenness	0.172		0.029	0.172	0.404	0.029		
	Closeness	0.813		0.565	0.813	0.929	0.565		

---

① 注：为了方便比较，此处的各中心度指标为相对指标。空白处表示该区域无此协作类型。

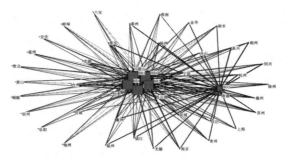

CXJ-Betweenness

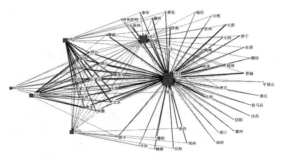

JJJ-Degree

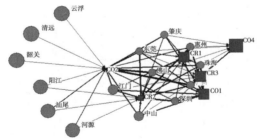

ZXJ-Closeness

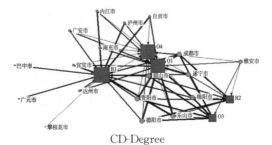

CD-Degree

图 5-1   各区域"城市—协作类型"2—模网络中心度可视化图①

---

①   资料来源：作者利用 Netdraw 绘制。由于篇幅限制，此处仅列出部分可视化网络图，详情请见附录 B。

二、各协作类型的对比分析

首先利用各类型协作的关系数据，将由协作类型和隶属城市构成的 2—模网络转化为"城市—城市"协作的 1—模网络；然后再对城市协作网络进行二值化处理，以 0 为临界值，大于 0 的编码为 1；最后计算出各类型网络的密度值。再利用费曼（Freeman）点度中心度，计算出各类协作网络的整体中心势指数。计算结果如表 5-13 所示。

表 5-13　**各类型大气府际协作网络的结构指标（行动者网络）**①

		规制型委员会	协商型委员会	规制型网络	临时联席	规制型协议	互助协议	委托协议	共识
密度	JJJ	1	0.0625	0.1479	0.0947	1	0.1790	0.5063	
	CXJ	1	0.5717		1	1	1		1
	ZXJ	0.3164	0.8789		0.1914	0.3164	0.5625	0.3164	
	CD	0.6944		0.1975	0.6944	0.8920	0.1975		
点度中心势	JJJ	0.2312	0.1835	0.2151	0.1709	0.2506	0.1627	0.2809	
	CXJ	0	0.2712		0	0	0		0
	ZXJ	0.2667	0.2300		0.2179	0.2629	0.2570	0.2667	
	CD	0.2424		0.2270	0.2377	0.3445	0.1906		

注：空白处表示该区域没有此协作类型。

（一）各协作类型网络的密度分析

可以看到，除珠三角地区，其他三个区域在规制型委员会和规制型协议上的密度都是最大的，在长三角和京津冀区域达到了 1，表明在上级政府介入且采用正式制度安排的情况下，区域内行动者是全部参与状态。当然，这是由中国自上而下的行政管理体制决定的。同时也表明当前我国在区域大气府际协作治理方面，上级政府在进行有关决策时的科学性和精确性还需要进一步加强，尤其是中央政府在面对跨省城市政府间的协作时。在京津冀地区，委托协议的密度仅次于规制型协议，也表明了在该区域协作网络密度的大小与上级政府介入的相关性。在长三角地区，临时联席和互助协议的密度为 1，表明该区域城市政府间在没有上级权威介入的情况下，也在大气协作中开展了紧密的联系；另外协商型委员会的密度达到了 0.5 以上，表明通过建立平等的正式组织来实现区域内大气府际协作是重要途径。在珠三角地区，协商型委员会和互助协议两类正式的没有上级介入的协作类型的密度最高。事实上，该区域为省域内城市群，广东省政府通过颁布一系列要求各城市政府开展联防联控的政策文件，发挥广佛肇、深莞惠和珠中

---

①　资料来源：作者根据 UCINET 计算结果整理。

江核心都市圈长期合作积累的信任等社会资本，实现了城市间更为积极主动地开展大气协作治理。在成渝城市群，规制型协议的密度最大，表明上级政府通过正式的政策来促进区域内大气府际协作治理。另外，规制型委员会和临时联席的密度相同，表明该区域正式和非正式组织的协作形式对于凝聚各城市均起到了较大作用。规制型网络和互助协议两类的密度相等，原因在于成都平原城市开展的诸如"秸秆焚烧联防联控机制"是在上级政府授权下形成的临时联盟，该联盟成员之间通过协商工作方案与进度安排，共同开展本辖区内的大气污染防治工作，其协议类型为互助型。

由此可见，对于京津冀地区、长三角区域两个跨省协作区域来说，中央政府的介入是大多数成员间紧密联系的重要保障。尤其对于京津冀地区，成员在经济社会发展等方面的异质性较高，积累的社会资本又相对薄弱的情况下，更需要强有力的外部权威力量的介入。对于省域内的大气协作区域，城市政府受到省级政府的强有力制约，即使在省政府直接介入程度相对较小的情况下，通过发挥中心城市的作用，也能够起到加强协作网络凝聚力的作用。

（二）各协作类型网络的中心势分析

从中心势指数来看，京津冀地区的各类协作网络中，规制型委员会、规制型网络、规制协议和委托协议的中心势相对较高，表明在有上级政府介入的情况下，协作网络中的某些行动者具有更高的中心性，在网络中的影响力越大；而协商型委员会、临时联席和互助协议三类网络的中心势相对较低，表明在没有上级介入的网络中，行动者之间的地位更为平等。长三角地区中，除了协商型委员会表现出了一定的中心势外，其他类型的协作网络中心势均为 0，表明该区域大气协作网络中成员间平等性更强。珠三角地区各类协作网络的中心势相当，没有表现出明显的差异，这可能与该区域形成的相对稳定的大气协作结构有关，即以三个都市圈城市为核心，协同带动周边城市的联动形式。成渝城市群与京津冀地区存在一定相似性，即有上级权威介入的情况下，协作网络的中心势更高，最低的为互助协议。

横向比较各区域协作网络的点度中心势发现，除了协商型委员会形式外，长三角地区的其他类型协作网络的中心势均低于另外三个区域。这在一定程度上说明，在没有上级政府介入的正式的组织类协作网络中，某些行动者具有更大的影响力，诸如南京都市圈、杭州都市圈、上海等。在临时联席的协作网络中，长三角地区、京津冀地区的网络中心势更低，表明对于没有上级政府介入的非正式的组织形式而言，跨省府际协作网络中行动者之间更为平等，而省域内则存在某些地位相对高的行动者，比如省会城市、中心城市等具有较高行政层级的行动者可能会在该类型网络中发挥更为重要的作用。珠三角地区、成渝城市群的规制型协议网络中心势高于京津冀地区和长三角地区。前两者的上级政府为省级政府，后两者的上级政府则是中央政府和省级政府两个层级，所以这种差距可能与介入网络的政府层级数量和中间层级政府规模不同而导致的协调难度和协调成本差异有关。

三、制度环境与协作关系网络

结合前面对各类型协作网络结构的描述性分析，我们看到不同类型网络中的关系结构呈现出不同特点，并且同一类型网络结构也在不同区域表现出差异性。造成协作网络结构差异性的因素除了协作群体的异质性外，还与塑造不同类型网络的制度环境有关。这里主要从权威性和正式性两个方面进行分析。

（一）各类型协作关系的相关性分析

令协作类型为 $C_i = (x_1, x_2) C_i = (x_1, x_2)$，$i = 1, 2, \cdots\cdots, 8$；$x_1 x_1$ 表示上级权威介入与否，当 $x_1 x_1 = 0$ 时，表示没有上级权威介入，当 $x_1 x_1 = 1$ 则表示有上级权威介入；$x_2 x_2$ 表示协作关系是否正式，取 0 表示该协作关系为非正式的，取 1 则表示协作关系为正式的。由于在实际的类型划分过程中，我们将协作类型分为了组织和规则类两种，所以又令 $C_i C_i = R_i R_i$ 或 $O_i O_i$，O 表示组织类，R 表示规则类，i 的取值为 1，2，3，4。那么，$R_1 R_1 = (1, 1)$，$R_2 = (0, 1)$ $R_2 = (0, 1)$，$R_3 = (1, 0)$ $R_3 = (1, 0)$，$R_4 = (0, 0)$ $R_4 = (0, 0)$，$O_1 = (1, 1)$，$O_2 = (0, 1)$ $O_1 = (1, 1)$，$O_2 = (0, 1)$，$O_3 = (1, 0)$ $O_3 = (1, 0)$，$O_4 = (0, 0)$ $O_4 = (0, 0)$，分别对应规制型协议、互助协议、委托协议、共识、规制型委员会、协商型委员会、规制网络和临时联席；如果不考虑组织和规则的差异，则 $R_i R_i = O_i O_i$。因此，通过分析不同类型协作关系是否存在相似性，可以判断上级权威或正式性作用下的关系网络呈现显著差异性。下面使用 QAP 相关性分析来检验不同类型协作关系网络之间是否存在显著差异，分析结果见表 5-14。可以看到，四个区域内多数类型协作关系之间都存在显著相关性。因此，我们将相关性系数小于 0.5 的作为检验上级权威和正式性是否有显著影响的标准。例如，$R_1 R_1$ 与 $R_2 R_2$ 之间的共同点是都为正式的规则形式，不同点是前者有上级权威介入，后者无上级权威介入。如果二者的 QAP 相关性系数小于 0.5，则认为这两种协作关系之间存在差异，而这种差异是由上级权威是否介入引起的。

表 5-14　各类型协作关系的相关系数①

		O1	O2	O3	O4	R1	R2	R3	R4
JJJ	O1								
	O2	0.139**							
	O3	−0.015	0.869***						
	O4	0.141*	0.992***	0.865***					
	R1	0.481***	0.176	0.161*	0.183**				
	R2	0.151**	0.955***	0.827***	0.934***	0.186**			
	R3	0.739***	0.295***	0.145*	0.287***	0.333***	0.357***		
CXJ	O2								
	O4		0.395***						
	R1		0.746***		0.487***				
	R2		0.723***		0.63***	0.629***			
	R4		0.651***		0.568***	0.775***	0.682***		
ZXJ	O1								
	O2	0.722***							
	O4	0.449***	0.637***						
	R1	0.983***	0.68***		0.421***				
	R2	0.888***	0.68***		0.548***	0.899***			
	R3	1***	0.722***		0.449***	0.983***	0.888***		
CD	O1								
	O3	0.641***							
	O4	0.813***		0.67***					
	R1	0.517**		0.034	0.344*				
	R2	0.619***		0.972***	0.715***	0.06			

注：*、**、*** 分别表示 10％、5％、1％的显著性水平。

（二）协作类型对协作关系差异性影响的结果分析

根据各区域已有协作类型，分别计算出表示权威性作用、正式性作用以及权威性与正式性共同作用的最大组合数量，再计算出各区域中的实际组合数量，用实际观察数量与理想数量的比例表示其解释程度，计算结果见表 5-15。

可以看到，相比于临时联系或共识这两类协作类型来说，规制型委员会和规制型协议的关系网络与其存在明显差异，这在四个区域中都有表现，解释程度都

①　资料来源：作者根据 UCINET 计算结果绘制。

在 50％ 及以上。上级权威或正式性对于京津冀地区各类协作关系差异作用的解释程度在四个区域中是最高的，尤其是上级权威达到 83％，表明该区域大气府际协作治理中，更多地是通过中央政府对各城市的直接行政手段，或者中央政府授权或领导下的由各省主要负责人组成的正式协调小组来实现跨省的大气府际协作。对于长三角区域和成渝城市群来说，并没有观察到由权威造成的不同类型间协作关系的明显差异。当然，这并不是说在这两个区域上级权威没有发挥作用。结合前面的分析我们发现，已有关系网络对于长三角地区大气协作关系的作用非常强，即这种已有的由各城市通过自主互动形成的关系结构十分有利于区域内其他公共事务的协作。长三角地区与京津冀地区同样是跨省的大气协作区域，但是权威对于不同网络关系差异的作用程度不同，这与城市成员之间已有关系网络不无关联。

对于成都平原这一省内协作区域来说，省级政府无疑是领导核心，但在实际协作过程中，成都及周边城市、川东北和川南三地这样的子群结构与业已形成的经济区结构一致，子群内协调阻力的下降使得上级权威直接介入的程度下降。但是该区域正式性的影响作用仅次于京津冀地区，表明无论是上级政府还是城市政府更倾向于通过正式政策等规则来平衡成本收益问题。在珠三角地区，正式性对于协调关系间的差异没有影响。该区域与成渝城市群同样作为省内的大气协作区，正式性的作用程度不同，其可能原因在于各自区域内子群内部联系的紧密程度。诸如广佛肇、深莞惠等地区来说，城市一体化程度高，因此相比内陆的成渝城市群而言，无论是否通过签订正式协议或成立正式组织，都能起到很好的协调协作关系的作用。

表 5-15　权威性、正式性对各区域作用的解释系数[①][②]

	JJJ	CXJ	ZXJ	CD
权威	5/6	0/2	1/5	0/3
正式	3/6	1/5	0/4	1/3
权威 and 正式	3/6	2/4	2/4	2/3

① 注：分母为理想数量，分子为实际数量。
② 资料来源：作者根据相关数据绘制。

第六章 结论与政策建议

近十年来，中国在重点城市群区域实施了持续性的大气污染联防联控，以应对不断恶化的区域性空气污染问题。学界已有理论研究和经验研究证实，地方政府在大气污染治理等跨区域公共事务治理领域的协作是一种有效治理工具，有助于提升环境绩效[1][2]。但是学界对于区域大气府际协作关系内部结构和形成逻辑等方面的研究还主要停留在理论层面，经验性研究更是处于起步阶段，基于多案例的研究更是少见。传统政治学或行政学对大气府际协作的研究多是从方法论个体主义出发，抽离了地方政府所置身的社会情境，难以建立起对地方政府行为与制度环境关系的整体认识。为此，本书从社会关系网络的角度入手，借助多案例形式对大气府际协作关系的整体形式、结构特点等进行分析，以探究政府协作行为、关系网络、制度环境三者之间存在的关系。具体来说，本研究在理论建构的基础上，通过对相关属性数据和关系型数据收集，对京津冀地区、长三角区域、珠三角地区和成渝城市群四个区域的大气府际协作关系及其结构与城市属性异质性、已有关系网络、制度环境等的关系进行了实证分析。然而，本书的研究在理论建构、研究设计、指标选取、统计方法等方面仍然存在不足，希望在未来的研究设计中进一步完善与改进，并进一步拓展相关研究主题，如进一步探讨制度环境作用于协作关系的具体机制，对地方政府协作意愿、协作行为与协作关系的关系进行分析。

本章主要是对前述诸章的回顾和讨论，并总结相关研究结论、政策含义和研究创新点，指出现有研究的不足，展望未来的研究方向。第一节总结了本书的主要研究结论；第二节对研究结论的实践指导价值进行了讨论；第三节总结了研究可能存在的创新点；第四节指明了研究的不足与缺陷，并展望了未来研究方向。

第一节 主要研究结论

本书通过对包括京津冀地区、长三角区域、珠三角地区和成渝城市群4个持续且广泛地开展大气污染府际协作治理区域的实证研究，试图回答大气污染治理

---

[1] Richard T Anderson, "Government Responsibility for Waste Management in Urban Regions," *Natural Resources Journal*, 10, no. 4 (1970): 668-686.

[2] 林民望：《政府间环境协作治理是否有效？》，中国人民大学，2017，第52页。

府际协作关系及内部结构受到了城市间在经济、社会、环境等方面异质性的影响，城市之间在其他方面的已有关系网络对于大气府际协作治理的展开是否有积极作用，探索制度环境对于不同区域、不同类型的大气府际协作关系网络是否存在差异性作用。区域性的大气府际协作治理是跨界公共事务协作治理的典型，因此，本书关于大气府际协作关系的研究结论在一定程度上能为未来府际关系及协作治理相关的研究提供理论阐释。

结论 1：区域内城市间已有关系网络能够有效促进大气府际协作关系的建立。研究认为地方政府在平等自愿原则基础上建立的关系网络能够产生信任等社会资本，同时在其他领域长期的协作关系能够增加彼此的依存度，减少大气污染协作治理过程中信息搜集成本和背叛风险等。地方政府在大气协作治理过程中的动机、行为受到了彼此间已有关系网络的塑造。由于不同区域城市结构和制度环境的差异，已有关系网络对各区域表现出了不同的作用效果。京津冀地区与长三角地区同属跨省协作区域，但后者内部城市横向联系网络明显比前者成熟，造成对两个区域影响效果的差异。该研究结论与以往关于"已有关系网络会影响共享服务协议的创建"①的经验研究结果一致；同时也验证了格兰诺维特的镶嵌理论和理查德·菲沃克的制度性集体行动理论中关系结构对于行动者动机和行为塑造的观点。

结论 2：城市属性异质性对于大气府际协作关系有显著作用，但其作用效果受到不同区域外部制度环境作用而呈现出差异性。美国的相关研究认为地方政府组成的共同体在人口、地理距离等方面的同质性有助于减少因政治和经济力量不对称而带来的利益分配问题，即是说群体同质性意味着潜在的共同利益和服务偏好②。欧洲地区的研究表明异质性和不对称性更有利于地方政府间合作③。造成两个结论相反的可能原因在于分析维度和制度环境的不同。因此，采用统一维度来对中国情境下不同区域的多案例进行分析，有助于观察城市属性异质性对大气府际协作关系的影响，以及制度环境的塑造作用。

结论 2.1：空气质量异质性对于大气府际协作关系有显著负向影响。这表明区域内城市间的同质性意味着潜在的相似偏好和共同利益，由此产生的较低交易成本和协作风险更有利于协作关系的建立。

结论 2.2：地理邻接性对于大气府际协作关系有显著正向影响。实际上，无论是对具有外部性的环境污染问题，还是经济发展问题，地理因素都是影响府际

① Kwon Sung Wook，Feiock R C，"Overcoming the Barriers to Cooperation：Intergovernmental Service Agreements，"*Public Administration Review* 70，no. 6（2010）：876—884.

② Feiock R C，"Rational Choice and Regional Governance，"*Journal of Urban Affairs* 29，no. 1（2007）：47—63.

③ Andersen Ole Johan，Pierre Jon，"Exploring the Strategic Region：Rationality，Context，and Institutional Collective Action，"*Urban Affairs Review* 46，no. 2（2010）：218—240.

协作关系建立的重要因素。地方政府间的地理位置邻接性使得相关方在经济、社会等方面的联系增加，增加了政策溢出的可能性；同时，距离的缩短也减少了政府领导人之间、公务员之间的交流成本。摩根[①]和赫尔林格[②]，以及波斯特的研究都证明了地理影响地方政府合作的可能性，但目前的研究中，仅有少量研究考虑到了地理的重要性。

结论 2.3：经济发展水平异质性对于大气府际协作关系有显著影响。在本书所分析的四个区域中，京津冀地区由于政治地位的特殊性、大气污染的严重性、波及范围的广泛性等原因，是上级政府（包括中央政府和作为中介的省级政府）介入程度最高的地区；长三角区域同样为跨省级协作区域，但由于其大气污染问题较前者轻，且已有关系网络的巨大作用，造成上级权威的实际介入程度较小；珠三角地区为省内协作区，各城市统一接受广东省政府的领导，省政府受到中央政府压力而表现出较强的介入程度；而成渝城市群并没有被列为国家开展大气污染联防联控的重点区域，且经济发展的压力较大，因此上级权威的介入程度较小。因此，财政能力异质性因外部条件的差异，而对不同区域有不同的影响。即在上级权威介入程度高的地区，经济发展水平异质性会倒逼上级政府采取政治性或行政性措施，强制城市政府间开展大气协作，从而有助于协作关系的建立；反之，在上级权威介入程度低的地区，则不利于协作关系的建立。

结论 2.4：产业结构异质性对于大气府际协作关系具有显著负向影响。二产占比反映了工业对于地区经济发展的重要性，对于地方政府大气协作意愿有重要影响，即使中央政府在党政领导干部的绩效考核指标中加强了对环境保护的强调，但经济发展压力依然是地方政府最重要的任务之一。产业结构的异质性直接导致协作过程中成本分担和收益分配的不平等，从而不利于协作关系的建立；并且其影响并没有因为制度环境不同而呈现出差异性，更加表明了作用的显著性，也从一定程度上反映出经济发展与环境保护矛盾下的政策执行偏差。这与菲沃克强调的同质性有助于协作关系建立的观点一致。

结论 2.5：社会发展水平异质性对大气府际协作关系有显著负向作用。就现阶段中国的一般情况来说，城市在城镇化中人口结构上的同质性有助于大气府际协作关系的建立。库茨涅兹曲线表明工业化发展到中后期时环境污染的程度逐渐减缓，而城镇化率与工业化发展阶段存在很强的耦合关系[③]。城镇化率差异不仅

①　Morgan David, Michael Hirlinger, "Intergovernmental Service Agreement: A Multivariate Explanation," *Urban Affairs Quarterly*, 27 (1991): 128—144.

②　Post Stephanie, "Local Government Cooperation: the Relationship Between Metropolitan Area Government Geography and Service Provision," Paper presented at 2002 *annual meeting of the American Political Science*, (Boston: 2002), p. 8.

③　徐维祥、舒季君、唐根年：《中国工业化、信息化、城镇化和农业现代化协调发展的时空格局与动态演进》，《经济学动态》2015 年第 1 期。

意味着工业发展的不同阶段，还意味着不同程度的环境污染问题和居民对环境质量敏感程度的差异。当某一区域整体发展到中后工业化时期，城镇化水平异质性会倒逼发达城市主动与周边相对落后城市间的协作。这在本研究中的珠三角地区得到验证。

结论2.6：行政层级异质性对大气府际协作关系有显著正向影响。中国城市的行政层级制度是与西方发达国家城市体系结构的最大不同之处。行政层级架构造就了少量高层级城市。城市的行政级别越高，不仅意味着可拥有和再分配的资源更多[1][2]，而且其在政策制定上拥有更多的主导权和决策权，并对相对较低级别城市拥有一定的"指导监督"权[3]。权力与责任是成正比的。高级别的城市党政领导人一般都是上级党委领导班子的重要成员，同上级党政领导人之间保持着密切联系，也正是通过这种交叉联系的制度安排，在一定程度上确保了高层级政府与上级政府的政策意图保持一致。因此，当上级政府要求开展区域大气联防联控时，高层级政府往往作为集体性行动的主要协调者，积极与低层级政府之间建立协作关系；同样，低层级政府的党政领导人迫于压力或为自身争取更多政治资源，也愿意同高层级政府建立协作关系。这与已有研究关于"官员迁升与政治关系高度显著，而与经济政绩关系不大"[4] 的观点吻合。菲沃克等人在中国区域环境协作治理的研究虽然有关注到城市行政层级对城市在网络中地位的影响，但并没有研究该变量异质性对协作关系建立的作用。因此，本书在一定程度上拓展了其研究。

综合来看，已有研究认为，经济等资源相对丰富的城市在区域发展中拥有较高的实际地位和影响力，使其在府际协作过程中更有议价权[5][6][7]，从而不利于协作治理的成功。但我们的研究认为这一基于西方城市协作实践的观点，没有考虑到政治制度嵌入和外部权威的干预作用，而中国经验恰恰从制度与关系网络互动角度拓展了协作治理理论。

---

① 托尼·阿肯森：《中国的城镇化：面临的问题和政策选择》，载林重庚、迈克尔·斯宾塞主编，余江等译《中国经济中长期发展和转型：国际视角的思考与建议》，北京：中信出版社，2011，第136页。

② 蔡昉、都阳：《转型中的中国城市发展——城市级层结构、融资能力与迁移政策》，《经济研究》2003年第6期。

③ 赵静、陈玲、薛澜：《地方政府的角色原型、利益选择和行为差异——一项基于政策过程研究的地方政府理论》，《管理世界》2013年第2期。

④ Opper S，Nee V，Brehm S，"Homophily in the career mobility of China's political elite，" *Social Science Research*，54（2015）：332—352.

⑤ Ansell C，Gash A，"Collaborative Governance in Theory and Practice，" *Journal of Public Administration Research & Theory* 18，no. 4（2008）：543—571（29）.

⑥ Cook，J J，"Who's Pulling the Fracking Strings? Power，Collaboration and Colorado Fracking Policy，" *Environmental Policy and Governance*，25，no. 6（2015）：373—385.

⑦ Kim，S，"The Workings of Collaborative Governance：Evaluating Collaborative Community-Building Initiatives in Korea，" *Urban Studies* 53，no. 16（2016）：3547—3565.

结论 3：经济发展水平、社会发展水平及行政层级对大气府际协作关系网络中的城市地位有显著正向影响；环境质量、产业结构对大气府际协作关系网络中的城市地位不存在显著影响。一般来说，处于经济发展和城市化不同阶段的城市对环境保护的认识和重视程度不同，进而影响地方政府乃至城市居民对治理环境污染的态度和行为。在工业化早期和中期，经济发展压力使得环境保护处于次要位置，参与协作治理需要放弃的经济收益造成地方政府并不愿意主动建立协作关系；而处于工业化后期的城市，有更强的内在协作动力和能力。正如前文所述，城市经济、社会发展水平与行政层级存在很强的关联性。行政层级这一制度设计更是增强了资源丰富城市主动充当区域协作发起者和协调者的压力，使得城市的经济、政治资源优势地位位移至大气协作网络当中。

结论 4：制度环境对于各类型大气府际协作关系网络存在差异性作用，且其效果因区域而异。已有规范性研究认为，制度环境对于不同类型的协作治理存在差异性影响，但当前的协作治理领域中缺乏足够的研究去区别和探究规制型协作与自愿型协作的差异[①]。本书的研究从协作关系网络的角度对该问题进行了某种程度的回应。事实上，区域大气府际协作关系中的差异不仅表现在外部权威介入与否这一政治制度上，还存在于协作形式的正式与否的组织制度方面。这也证明了本书关于协作类型划分的合理性。本书的研究表明，制度环境对于协作关系的差异性作用因区域而异，导致这一结果的原因是否与各区域群体属性异质性及已有关系网络作用的不同有关，具体作用机制如何还需要进一步探究。

另外，制度环境，尤其是上级权威对协作关系网络的差异性作用不等同于其对网络有效性的作用。也就是说，上级权威介入与否会造成关系网络结构特征的变化，但并不一定能提升网络有效性。网络有效性主要包括内部成员的稳定和增加、所涉及公共事务的范畴、内部关系的强化、网络行政机构的创建和运作、维持网络的成本和成员对网络目标的承诺等[②]。协作关系网络的本质是内部成员间基于共同目标的协商共治，有其内在演化逻辑。上级政府利用其权威压力会带来关系网络局部的、暂时的改变，但可能由于高昂的协调成本、代理方"软性抵制"行为等问题的存在，从而降低其效用的持久性。

第二节　政策含义

理论的应用价值在于其核心概念和模型能对未来政策发展提供指导和相应改

---

① O'Leary, R, & Vij N, "Collaborative Public Management: Where Have We Been and Where Are We Going?" *The American Review of Public Administration*, 42, no. 5 (2012): 507—522.

② Provan K G, Milward H B, "Do Networks Really Work? A Framework for Evaluating Public-Sector Organizational Networks," *Public Administration Review*, 61, no. 4 (2001): 414—423.

进意见。本书的研究结论表明，制度环境、已有关系网络和城市属性异质性对大气府际协作行为、关系、网络结构有显著影响，但其作用机制是复杂的，作用效果也随着区域本身特点不同而变化。因此，对于府际协作关系及其影响因素研究的应用价值在于帮助我们理解其形成逻辑，从而为区域府际协作治理机制选择提供指导。据此，本书提出如下政策建议。

一、建立多种形式的城市联盟

全国范围内重点城市群的战略布局已经完成，区域协调发展势必成为下一阶段中国经济增长的新引擎。解决诸如环境污染等跨界性区域公共事务需要各地方政府打破"各自为战"的格局，成立多种形式的城市联盟①，发展城市群内部关系网络。城市联盟是由区域内各类主体构成的具有特定形态的组织结构，是协调城市群发展的重要模式。地方政府在各领域的互动有助于形成密集重叠的关系网络，增进信任等社会资本，降低协作成本和风险，进而有助于解决区域公共事务处理中的集体行动困境。

二、平衡利用纵向介入机制与横向协调机制

上级政府的介入在一定程度上能够对利益异质性较强的区域大气府际协作关系起到协调作用，尤其是在减少大规模集体行动的不协作风险、强制利益补偿等方面。例如，面对全国范围内多个区域的协调时，由于中央政府需要投入的人力、财力、时间等成本巨大而导致介入程度的下降或不持续，进而影响协作效果。事实上，纵向机制介入的程度应当视各区域情况而定，包括协作规模、群体异质性程度和群体内部已有关系密切程度等。另外，在上级政府搭建好协调平台后，如何通过组织化、规则化的手段维持协作关系的常态化，平衡利用好纵向与横向协调机制是未来政策制定中应当思考的问题。

三、发挥高行政层级城市的优势地位

跨界性区域公共事务协作治理的发起者除了上级政府外，还有具有相对高层级的城市政府。高层级城市政府不仅在协作网络中拥有优势地位，与低层级城市之间的层级差异还有利于协作关系的建立。因此，利用这一独特政治制度，充分发挥区域中心城市的优势地位，可以在上级政府直接介入程度较小的情况下，起到激发各城市政府领导人协作意愿的作用，同时有助于培育区域自组织能力。应当注意，赋予高行政层级城市区域协调者的角色时，协作参与者规模不宜过

---

① 2018年11月29日，中共中央、国务院发布《关于建立更加有效的区域协调发展新机制的意见》中提到"要加强城市群内部城市间的紧密合作……积极探索建立城市群协调治理模式，鼓励成立多种形式的城市联盟"。

大，且应考虑地理空间上的邻近性。

四、提高政府决策的精准性和有效性

上级政府在划定大气协作网络的行动者边界时，多数情况下并不是基于污染源分布和污染成因等科学证据，即建立在环境行政管理体系上，而非大气污染的空间关联区[①]。不可否认，大气联防联控模式确实取得了显著成效，但是治理边界的模糊性导致的成本收益不平等问题，可能会损耗城市政府参与协作的主动性和整体协作网络的凝聚力。因此，加快推进各区域大气污染成因、转化过程等基础技术的研判，实现治理精细化，才能实现协作效益的最大化。

第三节　研究创新点

一、理论层面的创新

概念和理论建构的学理价值是能够与现有理论对话和发现现有理论。本研究可能的理论创新体现在以下几方面。

第一，研究构建了连接府际协作行为与制度环境的中观分析框架。既有文献对地方政府行为的研究中，无论是理性选择理论还是制度分析，都是基于原子式的个体视角。而构成区域府际协作集体的地方政府之间是彼此连接的，其关系网络不仅受到地方政府间异质性的影响，还受到制度环境的作用，反过来又会塑造地方政府行为，并与制度环境发生互动。因此，关系网络是连接微观行为和宏观现象之间的桥梁，如果抽离这一重要变量，便难以建立起理解地方政府协作行为的"动机—行为—关系网络—制度"的完整逻辑链条。

本研究在系统梳理中国区域大气府际协作实际情况的基础上，指出制度性集体行动框架在解释中国地方政府区域性集体行动时存在一定局限性，并以协作关系为切入点，构建了理解区域府际协作行为的理论分析框架，丰富了对世界范围内政治制度及政府运行规律多样性的理解。早期关于行为动机的研究集中在经济性的和晋升性的两大竞争解释上，是将制度要素直接用于解释官员行为动机，而本研究从府际关系网络的中间层面提供了另一种有效解释路径。另外，本书的研究问题虽然聚焦在地方政府间大气污染治理协作行为，但是建构的分析框架同样适用于分析地方政府在其他方面的协作治理行为。

此外，研究将制度、关系网络作为变量纳入分析框架，解决了已有研究结论中的冲突。通过梳理发现，已有对城市属性特征影响府际协作行为和关系的研究

---

① 锁利铭：《关联区域大气污染治理的协作困境、共治体系与数据驱动》，《地方治理研究》2019年第1期。

结果存在矛盾之处，原因在于两种结论发生是基于不同国家的政治等制度背景，而跨国性比较的可控难度较大，难以验证相关理论框架的有效性，不利于得出普遍规律。中国作为当今世界少有的超大型国家，地方治理呈现出复杂性和多样性特点，这为在同一国家范围内观察制度环境对府际协作行为和关系的复杂作用机制提供了空间。另外，多区域的比较分析也从一定程度上为观察区域府际协作治理中纵向机制与横向机制的互动提供了契机。本书通过实证研究发现，相同属性变量对于不同区域大气府际协作关系影响差异的原因在于上级权威介入程度的不同，以及区域内已有关系网络成熟程度的差异。

第二，研究发现党政关系嵌入下的城市行政层级制度是推动区域大气府际协作关系发展的重要力量。已有经验研究表明城市行政层级制度对资源配置能力有显著正向影响，进而作用于城市在区域府际关系网络中的地位。但城市行政层级制度内在的经济属性并不足以解释地方政府在协作治理中的动机、行为，以及由此形成的关系结构。受到国家权力与体制交织关系的影响，城市行政层级制度成为保证上级政府政治意图得以执行的重要工具，在区域大气联防联控中，则表现为高层级城市领导人作为上级党委组织的重要成员，会成为区域内大气府际协作关系建立的主动发起者、重要组织者和协调者。研究的创新点在于发现了国家权力与体制的交织关系会深刻影响和塑造地方政府的协作动机、行为和关系网络结构。

二、实证和方法层面的创新

第一，采用定量研究方法分析了制度环境、关系结构与地方政府协作行为之间的关系，使得论证结果更具普适性和代表性。以往对于地方政府间环境协作行为的研究多采用定性分析、案例研究或者基于个体属性数据的量化分析，这些研究忽视了关系网络这一理解社会行为的重要切入口。因此，本书基于四个区域大气府际协作的关系数据库，利用社会网络分析法（SNA）对相关研究假设进行了检验，一方面有助于丰富相关经验研究，另一方面网络结构方法可以有效地补充已有研究中普遍存在的个体主义。

第二，研究运用定性比较分析的方法，验证了区域府际协作关系二维划分框架的有效性。已有研究关于府际协作关系类型的划分标准不一，包括协作难易程度、组织关系正式程度、组织交换性质、地方政府自主性。本书在研究了中国区域府际协作关系特点的基础上，结合相关学者分类，确立了上级权威介入与否（或地方政府自主性）、正式与否的二维划分标准。从形式逻辑上来说，这种区分是可能的，但是并没有研究利用经验资料去验证这种划分的合理性和有效性，然而这却是十分必要的。因此，本书运用定性比较分析的方法，对上级权威及正式性两个标准下的不同类型区域府际大气协作关系之间是否存在显著差别进行了检

验，结果证实了类型划分框架的有效性，夯实了理论拓展的基础。

第四节　研究不足与展望

一、研究不足

本书主要采用不同于标准社会统计的网络结构方法，试图通过关系连接搭建起理解区域公共事务解决中府际协作行为与制度环境之间关系的理论框架，并对其进行检验。囿于现有研究基础的缺乏，以及受作者研究能力、精力所限，本书在理论建构和研究设计上仍然存在局限性。

（一）理论建构问题

作为一项探索性研究，本研究的理论建构不够成熟，还存在相当的改进空间。例如，对于制度安排、制度嵌入、网络结构等概念还需要进一步廓清其内涵；城市的个体属性特征和群体属性特征是如何影响外部权威介入程度的还需要进一步分析。

严格来说，"动机—行为—关系网络—制度"构成社会科学研究的完整逻辑链条，本书在分析地方政府协作行为中，将社会网络和制度环境作为重要变量，但却难以将影响社会行为的个体动机纳入分析框架中。原因在于以下两点：一是本书以地方政府组织为研究单位，属于"类行动者"，组织动机是经由一系列复杂过程而产生的，任何个人都无法准确代表，难以用主要领导者的动机进行测量和表示；二是资料获取的困难性。即使用领导者动机对组织动机进行模糊处理，要获取到相关资料数据对本书工作来说也是极大的挑战。从实证检验的角度来说，对于政治制度塑造地方政府协作动机、行为和关系网络的具体路径，并没有获得微观的翔实案例资料，更多的是一种宏观检验。

（二）实证研究设计规范性问题

首先，已有的相关研究并没有形成获得广泛认可并得到充分检验的成熟理论，因而实证研究所依赖的操作性概念不够规范。这一问题表现为属性变量指标选取上的不够准确。虽然有研究设计了城市属性变量的指标体系，但学者们并未就此达成共识。本研究是在参考已有研究及征询有关领域专家意见基础上做出的选择，但是仍然可能存在诱导性和倾向性。例如，环境属性变量采用单位 GDP的二氧化硫排放量指标，但这并不能完全表征空气污染物的主要成分，而数据的可获得性限制了指标选择的范围。另外，地方政府主政领导人个体属性数据及相互关系数据的可获得性问题，也使得本研究难以对理论模型的有效性进行更深入检验。

其次，在各区域大气协作城市的规模边界确定方面，将中央政府及省级政府官方文件确定的参与区域大气污染联防联控的城市作为参考，但这种划分略显粗糙，并且可能影响对理论的检验。例如，京津冀地区的协作网络主要分为京津冀地区，山西、山东、河南等省各自内部城市之间的协作，而与外省城市之间的协作相对较少，可能不利于检验属性差异变量对网络关系和结构的影响。

再者，对于区域大气府际协作关系数据的收集主要通过互联网工具获取公开的政府文件或新闻报道等，该方法在获取大样本数据时具有较大的成本优势，但是获取渠道的单一性可能无法满足对于整体关系网络数据的完整性要求，且公开的新闻报道与事实的吻合程度难以进行考量。地方政府间已有关系数据的收集主要集中在已经建立的合作组织或者开展的经济联系，并没有对其进行进一步分类，造成检验已有关系变量对大气府际协作关系影响研究细化的困难。

二、研究展望

针对上述研究局限，在未来的研究中除了不断完善之外，还可以着手对相关研究主题进行拓展。可以说，本研究只是对区域府际协作行为、关系网络和制度环境关系研究的初探，它将为后续更为深入、系统的协作治理研究提供重要线索与研究基础。总的来说，后续研究可以在本书的基础上，选取不同的研究视角，对相关理论建构的研究假设进行更为周密、细致的检验，从而搭建起更为完整的理解地方政府协作行为及关系的理论框架；与此同时，可以在本研究基础理论框架下，开展除了大气府际协作领域外的其他环境协作治理，如水污染治理、生态修复等；以及拓展协作主体类型，将社会组织、市场力量与地方政府间的协作治理纳入分析。具体来说，本书认为主要可以从以下几个方面继续研究。

第一，相关理论框架的细化。本书提出在区域大气治理领域中理解府际协作行为的"网络—制度"理论框架，但是该框架相对粗糙，不少概念仍然较为抽象。那么，制度环境塑造地方政府协作行为及关系网络的具体作用机制是怎样的？笔者认为可以从正式制度和非正式制度维度进行考察，也可以从外部权威介入和党政领导人的交互关系入手分析。此外，地方政府之间的已有关系网络是如何影响彼此间在其他领域协作关系的建立的，对于其关系网络的结构特征会产生哪些影响，又是如何与纵向协调机制互动的？在未来的研究中，可以采用基于扎根理论的方法，对有关研究主体进行深度访谈或搜集文本资料，并利用质性研究方法对所获取资料进行分析，提炼相关理论概念；在此基础上，使用案例研究对有关理论假设进行进一步的分析和讨论，从而验证和完善分析框架。

第二，地方政府协作与潜在动因之间关系的实证研究。已有针对地方政府间协作的研究主要关注协作困境的影响因素，而少有对影响成功府际协作的因素分析；且研究方法主要为规范性的理论探讨，鲜有可靠的经验研究。究其原因可能是衡量公共部门协作成功与否的标准不确定且测量难度大、可获取的完整追踪的

成功案例较少。就本研究来说，主要也是关注推动其协作关系及网络结构发展的因素，并非与其成熟和成功相关的动力因素。但是对于协作成功的经验性研究对于推动理论发展和实践进步又必不可少。因此，未来的研究中这是值得关注的地方。

第三，协作关系网络有效性的评估。学界有关协作治理的研究方兴未艾，倾向于将建立横向的协作关系视为解决外部性问题的良方。但鲜有考察协作关系网络是否有效的经验研究，这可能与对比性网络数据缺乏、网络测量难度大等有关。虽然有对于府际协作治理是否有效的研究，但协作治理绩效并不等同于协作关系网络的有效性，因此，认为"网络是解决复杂政策问题的有效机制"的观点还不够成熟，而这恰恰是协作治理理论发展需要解决的基础性问题。在未来的研究中，完善有关数据库资料，建立科学有效的协作关系网络有效性的评估体系，对不同类型的府际协作关系网络进行评估，有助于协作治理理论的发展及指导区域府际协作实践。

附录 A

表 A1 京津冀地区协作网络中各城市的历年点出度中心度的描述性统计（标准化）

	2008	2009	2010	2011	2012	2013	2014	2015	2016	2017	2018
	OutD	OutD	OutD	OutD	OutD	OutD	OutD	OutD	OutD	OutD	OutD
京	8.2	0	6.6	0	0	5.6	6	6	3.3	6	6.1
津	1.6	0	3.2	0	0	5.6	4.7	6.3	3.3	6.6	5.7
冀	1.6	0	3.3	0	0	5.2	5	5.8	4.9	5.8	5.9
晋	1.6	0	3.2	6.6	3.2	6.6	3.7	4.3	1.1	3.7	6.6
鲁	1.6	0	0	0	0	6.3	3.3	5.4	2.3	6	4.9
蒙	1.6	0	0	0	0	4.7	3.3	4.3	1.1	0.1	4.9
豫	0	0	0	0	0	0.2	0	2.8	1.1	4.5	4.9
中央	0	0	0	0	0	0.2	1	1	0	0	6.6
部委	9.8	0	4.9	0	0	5.6	3.9	6	5.2	5.7	5.7
石家庄	1.6	0	0.8	0	0	0.2	0.1	0.1	1.3	0.2	0.2
唐山	1.6	1.6	4.1	0	0	0.2	0.1	0.1	1.3	0.1	0.2
秦皇岛	1.6	0	3.3	0	0	0.5	0.1	0.1	0.3	0.1	0.2
邯郸	1.6	0	0.8	0	0	0.2	0.1	0.1	1.3	0.1	0.2
邢台	1.6	0	0.8	0	0	0.2	0.1	0.1	1.3	0.2	0.2
保定	1.6	0	0.8	0	0	0.2	0.2	0.1	1.3	0.2	0.6
张家口	1.6	0	3.3	0	0	0.2	0.2	0.1	0.2	0.1	0.4
承德	1.6	1.6	3.3	0	0	0.2	0.2	0.1	0.2	0.1	0.4
沧州	1.6		0.8	0	0	0.2	0.1	0.3	1.3	0.1	0.2
廊坊	1.6	1.6	2.5	0	0	0.5	0.4	0.1	1.3	0.3	1
衡水	1.6	0	0.8	0	0	0.2	0.1	0.1	1.3	0.1	0.2
太原	1.6	0	8.2	4.9	6.6	1.6	0.4	0.1	0.2	0.1	0.2
大同	1.6	0	8.2	4.9	6.6	1.6	0.4	0.1	0.2	0.1	0.2
朔州	1.6	0	7.4	4.9	6.6	1.6	0.4	0.1	0.2	0.1	0.2

	2008	2009	2010	2011	2012	2013	2014	2015	2016	2017	2018
忻州	1.6	0	8.2	4.9	6.6	1.6	0.4	0.1	0.2	0.1	0.2
阳泉	1.6	0	5.7	0	0	0.2	0.1	0.1	0.2	0.1	0.2
长治	1.6	0	5.7	0	0	0.2	0.1	0.1	0.2	0.1	0.2
晋城	1.6	0	5.7	0	0	0.2	0.1	0.1	0.2	0.1	0.2
济南	1.6	0	0.8	0	0	1.6	0.1	1	6.1	1	0.2
青岛	3.3	0	0.8	0	0	0.2	0.1	0.1	0.2	0.1	0.2
淄博	1.6	0	0.8	0	0	1.6	0.1	1	6.1	1	0.2
枣庄	1.6	0	0.8	0	0	0.2	0.1	0.1	0.2	0.1	0.2
东营	1.6	0	0.8	0	0	0.2	0.1	0.1	0.2	0.1	0.2
潍坊	1.6	0	0.8	0	0	0.2	0.1	0.1	0.2	0.1	0.2
济宁	1.6	0	0.8	0	0	0.2	0.1	0.1	0.2	1	0.2
泰安	1.6	0	0.8	0	0	1.6	0.1	1	6.1	1.1	0.2
日照	1.6	0	0.8	0	0	0.2	0.1	0.1	0.2	0.1	0.2
莱芜	1.6	0	0.8	0	0	1.6	0.1	1	6.1	1.1	0.2
临沂	1.6	0	0.8	0	0	0.2	0.1	0.1	0.2	0.1	0.2
德州	1.6	0	0.8	0	0	1.6	0.1	1	6.1	1	0.2
聊城	1.6	0	0.8	0	0	1.6	0.1	1	6.2	1	0.2
滨州	1.6	0	0.8	0	0	1.6	0.1	1	6.1	1	0.2
菏泽	1.6	0	0.8	0	0	0.2	0.1	0.1	0.2	1	0.2
郑州	0	0	0	0	0	0	0	0.1	0.2	1.4	0.2
开封	0	0	0	0	0	0	0	0.1	0.2	1.4	0.2
平顶山	0	0	0	0	0	0	0	0.1	0.2	0.1	0.2
安阳	0	0	0	0	0	0	0	0.1	0.2	1.4	0.2
鹤壁	0	0	0	0	0	0	0	0.1	0.2	1.4	0.2
新乡	0	0	0	0	0	0	0	0.1	0.3	1.4	0.2
焦作	0	0	0	0	0	0	0	0.1	0.2	1.4	0.2
濮阳	0	0	0	0	0	0	0	0.1	0.2	1.4	0.2
许昌	0	0	0	0	0	0	0	0.1	0.2	0.1	0.2
漯河	0	0	0	0	0	0	0	0.1	0.2	0.1	0.2

续表

	2008	2009	2010	2011	2012	2013	2014	2015	2016	2017	2018
南阳	0	0	0	0	0	0	0	0.1	0.2	0.1	0.2
商丘	0	0	0	0	0	0	0	0.1	0.2	0.1	0.2
信阳	0	0	0	0	0	0	0	0.1	0.2	0.1	0.2
周口	0	0	0	0	0	0	0	0.1	0.2	0.1	0.2
驻马店	0	0	0	0	0	0	0	0.1	0.2	0.1	0.2
呼和浩特	1.6	0	0.8	0	0	0.2	0.1	0.1	0.2	0.3	0.2
包头	1.6	0	0.8	0	0	0.2	0.1	0.1	0.2	0.3	0.2
Mean	1.4	0.1	1.7	0.4	0.5	1	0.6	0.9	1.3	1	1
Std Dev	1.6	0.4	2.4	1.4	1.8	1.7	1.4	1.7	2	1.7	2
Sum	85.2	4.9	105.7	26.2	32.8	63.7	36.7	55.7	81.6	62.1	63.3
中心势%	8.6	1.6	6.6	6.2	6.1	5.6	5.5	5.4	5	5.6	5.6

表 A2　京津冀地区协作网络中各城市的历年点入度中心度的描述性统计（标准化）

	InD	InD	InD	InD	InD	InD	InD	InD	InD	InD	InD
京	11.5	1.6	5.7	0	0	7.3	6.4	7.6	5.7	6.9	7
津	3.3	0	4.9	0	0	6.1	6	6.7	4.6	7.8	9.6
冀	21.3	0	12.3	0	0	9.4	6.7	8.3	6.1	8.1	10.9
晋	14.8	0	6.6	0	0	7.3	5	6.3	2.5	6.1	8.2
鲁	27.9	0	13.1	0	0	9.1	5.9	7.5	3.8	6.1	9.6
蒙	6.6	0	2.5	0	0	6.1	4.5	5.5	1.6	0.3	7
豫	0	0	0	0	0	0	0	5.7	3.8	6.9	9.6
中央	0	0	0	0	0	0	0	0	0	0	0
部委	0	0	0	0	0	0	0	0	0	0	0.8
石家庄	0	0	0.8	0	0	0	0	0	1.3	0	0
唐山	0	0	3.2	0	0	0	0	0.1	1.3	0	0.2
秦皇岛	0	0	2.5	0	0	0.2	0	0	0	0	0
邯郸	0	0	0	0	0	0	0	0.1	1.3	0	0
邢台	0	1.6	0	0	0	0	0.1	0	1.8	0	0
保定	0	0	0.8	0	0	0	0	0.1	1.3	0	0.2
张家口	0	0	2.5	0	0	0	0.1	0	0	0	0

	InD	InD	InD	InD	InD	InD	InD	InD	InD	InD	InD
承德	0	1.6	2.5	0	0	0	0	0	0	0	0
沧州	0	0	0	0	0	0	0	0.3	1.3	0	0
廊坊	0	0	1.6	0	0	0	0.1	0.1	1.3	0.2	0.2
衡水	0	0	0	0	0	0	0	0	1.3	0	0
太原	0	0	8.2	6.6	6.6	1.9	0.4	0	0	0	0
大同	0	0	8.2	6.6	6.6	1.9	0.4	0	0	0	0
朔州	0	0	8.2	6.6	6.6	1.9	0.4	0	0	0	0
忻州	0	0	7.4	6.6	6.6	1.9	0.4	0	0	0	0
阳泉	0	0	4.9	0	0	0	0	0	0	0	0
长治	0	0	4.9	0	0	0	0	0	0	0	0
晋城	0	0	4.9	0	0	0	0	0	0	0	0
济南	0	0	0	0	0	1.6	0	1	6.1	0.9	0
青岛	0	0	0	0	0	0	0	0	0	0	0
淄博	0	0	0	0	0	1.6	0	1	6.1	0.9	0
枣庄	0	0	0	0	0	0	0	0	0	0	0
东营	0	0	0	0	0	0	0	0	0	0	0
潍坊	0	0	0	0	0	0	0	0	0	0	0
济宁	0	0	0	0	0	0	0	0	0	0.9	0
泰安	0	0	0	0	0	1.6	0	1	6.1	1	0
日照	0	0	0	0	0	0	0	0	0	0	0
莱芜	0	0	0	0	0	1.6	0	1	6.1	1	0
临沂	0	0	0	0	0	0	0	0	0	0	0
德州	0	0	0	0	0	1.6	0	1	6.1	0.9	0
聊城	0	0	0	0	0	1.6	0	1	6.1	0.9	0
滨州	0	0	0	0	0	1.6	0	1	6.1	0.9	0
菏泽	0	0	0	0	0	0	0	0	0	0.9	0
郑州	0	0	0	0	0	0	0	0	0	1.5	0
开封	0	0	0	0	0	0	0	0	0	1.5	0
平顶山	0	0	0	0	0	0	0	0	0	0	0

续表

	InD	InD	InD	InD	InD	InD	InD	InD	InD	InD	InD
安阳	0	0	0	0	0	0	0	0	0	1.5	0
鹤壁	0	0	0	0	0	0	0	0	0	1.5	0
新乡	0	0	0	0	0	0	0	0	0	1.5	0
焦作	0	0	0	0	0	0	0	0	0	1.5	0
濮阳	0	0	0	0	0	0	0	0	0	1.5	0
许昌	0	0	0	0	0	0	0	0	0	0	0
漯河	0	0	0	0	0	0	0	0	0	0	0
南阳	0	0	0	0	0	0	0	0	0	0.4	0
商丘	0	0	0	0	0	0	0	0	0	0	0
信阳	0	0	0	0	0	0	0	0	0	0	0
周口	0	0	0	0	0	0	0	0	0	0	0
驻马店	0	0	0	0	0	0	0	0	0	0	0
呼和浩特	0	0	0	0	0	0	0	0	0.2	0.2	0
包头	0	0	0	0	0	0	0	0	0	0.2	0
朝阳	0	0	0	0	0	0	0	0	0	0	0
锦州	0	0	0	0	0	0	0	0	0	0	0
葫芦岛	0	0	0	0	0	0	0	0	0	0	0
Mean	1.4	0.1	1.7	0.4	0.5	1	0.6	0.9	1.3	1	1
Std Dev	4.9	0.4	3.1	1.6	1.8	2.2	1.7	2.2	2	2	2.8
Sum	85.2	4.9	105.7	26.2	32.8	63.7	36.7	55.7	81.6	62.1	63.3
中心势%	26.9	1.6	11.6	6.2	6.1	8.4	6.2	7.6	4.8	7.2	10

表 A3　长三角地区协作网络中各城市的历年点出度中心度的描述性统计（标准化）

	2008	2009	2010	2011	2012	2013	2014	2015	2016	2017	2018
部委	0	0	0	0	0	16.7	16.3	9.3	9.3	0	9.3
上海	2.9	0	4.8	0	5.7	0.7	13.3	7	7	32.6	7.2
江苏	2.9	0	3.2	0	5.7	0.7	6.3	7	7	0	7
浙江	2.9	0	3.2	0	5.7	0.7	6	7	7	0	7
安徽	0	0	0	0	5.7	0.7	6	7	7	0	7
南京	0.5	0	6.4	0	17.1	0.2	9.3	2.3	2.3	32.6	2.3

	2008	2009	2010	2011	2012	2013	2014	2015	2016	2017	2018
无锡	0.5	0	0.8	0	1.9	0.2	9.3	2.3	2.3	32.6	2.3
常州	0.5	0	0.8	0	1.9	2.4	9.3	2.3	2.3	32.6	2.3
苏州	0.5	0	0.8	0	1.9	0.2	9.3	2.3	2.3	32.6	2.3
南通	0.5	0	0.8	0	1.9	0.2	9.3	2.3	2.3	32.6	2.6
连云港	0.5	0	0.8	0	1.9	0.2	9.3	2.3	2.3	32.6	2.3
淮安	0.5	0	6.4	0	9	16.2	9.3	2.3	2.3	32.6	2.3
盐城	0.5	0	0.8	0	1.9	0.2	9.3	2.3	2.3	32.6	2.3
扬州	0.5	0	6.4	0	9.5	16.4	9.3	2.3	2.3	32.6	2.3
镇江	0.5	0	6.4	0	9.5	16.4	9.3	2.3	2.3	32.6	2.3
泰州	0.5	0	0.8	0	1.9	4.3	9.3	2.3	2.3	32.6	2.3
宿迁	0.5	0	0.8	0	1.9	0.2	9.3	2.3	2.3	32.6	2.3
杭州	6.2	3.6	3.2	3.6	3.3	1	10	4.7	4.7	34.9	3.1
宁波	2.9	4.8	4	4.8	3.8	1.2	3.3	3.9	3.9	34.9	3.4
温州	0.5	0	0.8	0	1.9	0.2	2	2.3	2.3	32.6	2.3
绍兴	8.1	8.3	6.4	8.3	5.2	1.9	4.3	5	6.2	36.6	4.1
湖州	6.2	3.6	3.2	3.6	3.3	1	10	4.7	4.7	34.3	3.1
嘉兴	8.1	8.3	6.4	8.3	5.2	1.9	11.3	5	6.2	37.2	4.1
金华	0.5	0	0.8	0	1.9	0.2	2	2.3	2.3	32.6	2.3
衢州	0.5	0	0.8	0	1.9	0.2	2	2.3	2.3	32.6	2.3
台州	2.4	4.8	4	4.8	4.3	1.2	3.3	3.9	3.9	34.9	3.4
丽水	0.5	0	0.8	0	1.9	0.2	2	2.3	2.3	32.6	2.3
舟山	2.4	4.8	4	4.8	3.8	1.2	3.3	3.9	3.9	34.9	3.4
合肥	0	0	0.8	0	1.9	2.1	9	2.3	2.3	32.6	2.3
芜湖	0	0	6.4	0	6.7	16	9	2.3	2.3	32.6	2.3
蚌埠	0	0	0.8	0	1.9	0.2	9	2.3	2.3	0	2.3
淮南	0	0	0.8	0	1.9	0.2	2	2.3	2.3	32.6	2.3
马鞍山	0	0	6.4	0	6.7	16	9	2.3	2.3	32.6	2.3
淮北	0	0	0.8	0	1.9	0.2	2	2.3	2.3	0	2.3
铜陵	0	0	0.8	0	1.9	0.2	2	2.3	2.3	0	2.3

续表

	2008	2009	2010	2011	2012	2013	2014	2015	2016	2017	2018
安庆	0	0	0.8	0	1.9	0.2	2	2.3	2.3	0	2.3
黄山	0	0	0.8	0	1.9	0.2	2	3.5	2.3	0	2.3
阜阳	0	0	0.8	0	1.9	0.2	2	2.3	2.3	0	2.3
宿州	0	0	0.8	0	1.9	0.2	2	2.3	2.3	0	2.3
滁州	0	0	6.4	0	8.1	16	9	2.3	2.3	32.6	2.3
六安	0	0	0.8	0	1.9	0.2	2	2.3	2.3	0	2.3
宣城	0	0	6.4	0	8.6	14	9	3.5	2.3	0	2.3
池州	0	0	0.8	0	1.9	0.2	2	2.3	2.3	0	2.3
亳州	0	0	0.8	0	1.9	0.2	2	2.3	2.3	0	2.3
Mean	1.2	0.89	2.6	0.89	4.02	3.57	6.52	3.29	3.3	21.91	3.12
Std Dev	2.1	2.15	2.3	2.15	3.17	5.98	3.81	1.71	1.8	15.79	1.66
Sum	52.4	38.1	111.9	38.1	172.86	153.57	286.71	144.96	144.96	963.95	136.69
中心势%	7.04	7.63	3.8	7.63	13.44	13.41	9.99	6.15	6.15	15.66	6.34

表 A4　长三角地区协作网络中各城市的历年点入度中心度的描述性统计（标准化）

	2008	2009	2010	2011	2012	2013	2014	2015	2016	2017	2018
部委	0	0	0	0	0	0	0	0	0	0	0
上海	2.9	0	3.2	0	5.7	0.7	15.6	9.3	9.3	32.6	9.6
江苏	8.6	0	13.5	0	28.6	3.6	36.5	37.2	37.2	0	37.2
浙江	8.1	0	12.7	0	26.7	3.3	30.2	34.9	34.9	0	34.9
安徽	0	0	12.7	0	36.2	4.5	40.2	46.5	46.5	0	46.5
南京	0	0	5.6	0	8.6	0	7.3	0	0	32.6	0
无锡	0	0	0	0	0	0	7.3	0	0	32.6	0
常州	0	0	0	0	1	2.1	7.3	0	0	32.6	0
苏州	0	0	0	0	0	0	7.3	0	0	32.6	0
南通	0	0	0	0	0	0	7.3	0	0	32.6	0.3
连云港	0	0	0	0	0	0	7.3	0	0	32.6	0
淮安	0	0	5.6	0	8.1	16	7.3	0	0	32.6	0
盐城	0	0	0	0	0	0	7.3	0	0	32.6	0
扬州	0	0	5.6	0	8.6	16.2	7.3	0	0	32.6	0

续表

	2008	2009	2010	2011	2012	2013	2014	2015	2016	2017	2018
镇江	0	0	5.6	0	8.6	16.2	7.3	0	0	32.6	0
泰州	0	0	0	0	1	4	7.3	0	0	32.6	0
宿迁	0	0	0	0	0	0	7.3	0	0	32.6	0
杭州	5.7	3.6	2.4	3.6	1.4	0.7	8.3	2.3	2.3	34.9	0.8
宁波	1.9	4.8	3.2	4.8	2.4	1	1.3	1.6	1.6	34.9	1
温州	0.5	0	0	0	0	0	0	0	0	32.6	0
绍兴	7.6	8.3	5.6	8.3	3.3	1.7	2.3	2.7	3.9	36.6	1.8
湖州	5.7	3.6	2.4	3.6	1.4	0.7	8.3	2.3	2.3	34.3	0.8
嘉兴	7.6	8.3	5.6	8.3	3.3	1.7	9.6	2.7	3.9	37.2	1.8
金华	0	0	0	0	0	0	0	0	0	32.6	0
衢州	0	0	0	0	0	0	0	0	0	32.6	0
台州	1.9	4.8	3.2	4.8	1.9	1	1.3	1.6	1.6	34.9	1
丽水	0	0	0	0	0	0	0	0	0	32.6	0
舟山	1.9	4.8	3.2	4.8	1.9	1	1.3	1.6	1.6	34.9	1
合肥	0	0	0	0	0	1.9	7.3	0	0	32.6	0
芜湖	0	0	5.6	0	6.7	15.7	7.3	0	0	32.6	0
蚌埠	0	0	0	0	0	0	7.3	0	0	0	0
淮南	0	0	0	0	0	0	0	0	0	32.6	0
马鞍山	0	0	5.6	0	7.6	15.7	7.3	0	0	32.6	0
淮北	0	0	0	0	0	0	0	0	0	0	0
铜陵	0	0	0	0	0	0	0	0	0	0	0
安庆	0	0	0	0	0	0	0	0	0	0	0
黄山	0	0	0	0	0	0	0	1.2	0	0	0
阜阳	0	0	0	0	0	0	0	0	0	0	0
宿州	0	0	0	0	0	0	0	0	0	0	0
滁州	0	0	5.6	0	6.2	15.7	7.3	0	0	32.6	0
六安	0	0	0	0	0	0	0	0	0	0	0
宣城	0	0	5.6	0	3.8	13.8	7.3	1.2	0	0	0
池州	0	0	0	0	0	0	0	0	0	0	0

续表

	2008	2009	2010	2011	2012	2013	2014	2015	2016	2017	2018
亳州	0	0	0	0	0	0	0	0	0	0	0
Mean	1.2	0.89	2.6	0.89	4.02	3.57	6.52	3.29	3.3	21.91	3.12
Std Dev	2.5	2.15	2.3	2.15	7.86	5.93	8.85	10.01	10.03	15.79	10.05
Sum	52.4	28.1	111.9	38.1	172.86	153.57	286.71	144.96	144.96	963.95	136.69
中心势%	7.23	7.63	11.1	7.63	32.94	13.16	34.47	44.22	44.22	15.66	44.41

表 A5 珠三角地区协作网络中各城市的历年点出度中心度的描述性统计（标准化）

	2008	2009	2010	2011	2012	2013	2014	2015	2016	2017	2018
中央	0	0	0	0	0	0	0	0	1.5	0	0
粤	0	18.8	31.9	13.2	0	12.6	22.7	0	13.2	17.6	17.6
珠海	11.8	7.1	33.6	2.9	5.9	3.4	25.2	9.8	4.4	5.9	23.5
中山	11.8	7.1	31.9	2.9	5.9	3.4	24.4	9.8	4.4	5.9	23.5
江门	11.8	7.1	31.9	2.9	5.9	1.7	24.4	9.8	4.4	5.9	8.8
广州	0	7.1	33.6	8.8	11.8	2.5	27.7	17.6	8.8	11.8	14.7
佛山	0	7.1	31.9	8.8	10.3	1.7	28.6	15.7	8.8	11.8	29.4
肇庆	0	2.4	30.3	5.9	8.8	0	24.4	13.7	7.4	9.8	29.4
深圳	0	0	31.9	2.9	8.8	11.8	31.9	0	23.5	23.5	26.5
东莞	0	0	30.3	4.4	10.3	11.8	30.3	0	23.5	23.5	26.5
惠州	0	0	30.3	2.9	8.8	10.1	27.7	0	23.5	23.5	11.8
清远	0	0	8.4	0	0	0.8	0	11.8	7.4	11.8	17.6
汕尾	0	0	8.4	0	0	0	0.8	0	23.5	23.5	11.8
河源	0	0	0	0	0	0	0.8	0	23.5	23.5	11.8
阳江	0	0	0	0	0	0	0	5.9	4.4	5.9	8.8
云浮	0	0	0	0	0	0	0	9.8	7.4	9.8	14.7
韶关	0	0	0	0	0	0	0	9.8	7.4	9.8	14.7
揭阳	0	0	0	0	0	0	0	0	0	0	0
Mean	1.96	3.14	18.58	3.11	4.25	3.32	14.94	6.32	10.95	12.42	16.18
Std Dev	4.38	4.9	15	3.76	4.49	4.56	13.34	6.15	8.29	7.98	8.73
Sum	35.29	56.47	334.45	55.88	76.47	59.66	268.91	113.73	197.01	223.53	291.18
中心势%	10.38	16.61	15.92	10.73	7.96	9.84	17.99	12	13.32	11.77	14.01

表 A6　珠三角地区协作网络中各城市的历年点入度中心度的描述性统计（标准化）

	2008	2009	2010	2011	2012	2013	2014	2015	2016	2017	2018
中央	0	0	0	0	0	0	0	0	0	0	0
粤	0	0	0	0	0	0	22.7	0	1.5	0	0
珠海	11.8	8.2	37	4.4	5.9	5	25.2	9.8	5.9	5.9	26.5
中山	11.8	8.2	35.3	4.4	5.9	5	24.4	9.8	5.9	5.9	26.5
江门	11.8	8.2	35.3	4.4	5.9	3.4	24.4	9.8	5.9	7.8	8.8
广州	0	8.2	37	10.3	11.8	4.2	27.7	17.6	10.3	15.7	14.7
佛山	0	8.2	35.3	10.3	10.3	3.4	28.6	15.7	10.3	11.8	32.4
肇庆	0	3.5	33.6	7.4	8.8	0.8	24.4	13.7	8.8	11.8	32.4
深圳	0	1.2	35.3	5.9	8.8	13.4	31.9	0	25	25.5	29.4
东莞	0	1.2	33.6	4.4	10.3	13.4	30.3	0	25	25.5	29.4
惠州	0	1.2	33.6	4.4	8.8	10.9	27.7	0	25	23.5	11.8
清远	0	1.2	9.2	0	0	0.8	0	11.8	7.4	15.7	14.7
汕尾	0	1.2	9.2	0	0	0	0.8	0	23.5	23.5	11.8
河源	0	1.2	0	0	0	0	0.8	0	23.5	23.5	11.8
阳江	0	1.2	0	0	0	0	0	5.9	4.4	5.9	8.8
云浮	0	1.2	0	0	0	0	0	9.8	7.4	9.8	14.7
韶关	0	1.2	0	0	0	0	0	9.8	7.4	9.8	14.7
揭阳	0	1.2	0	0	0	0	0	0	0	0	0
Mean	0	3.14	18.58	3.11	4.25	3.32	14.94	6.32	10.95	12.42	16.18
Std Dev	0	3.23	16.77	3.5	4.49	4.56	13.34	6.15	8.83	8.55	10.84
Sum	0	56.47	334.45	55.88	76.47	59.66	268.91	113.73	197.01	223.53	291.18
中心势%	0	5.4	19.48	7.61	7.96	10.73	17.99	12	14.88	13.84	17.13

由于篇幅限制，在此列出正文部分未能列出的区域大气府际协作的网络图。主要分为两个部分，一是包括京津冀地区、长三角区域、珠三角地区、成渝城市群 2008—2018 年的包括中央政府、省政府及城市政府在内的协作网络图；二是这四个区域的"城市—协作类型"的 2—模网络的点度中心度（degree）、中间中心度（betweenness）、接近中心度（closeness）的网络结构图。

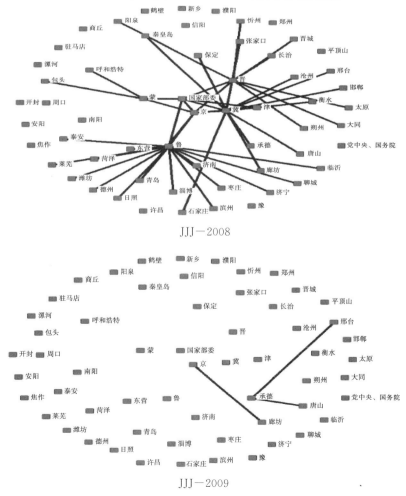

JJJ—2008

JJJ—2009

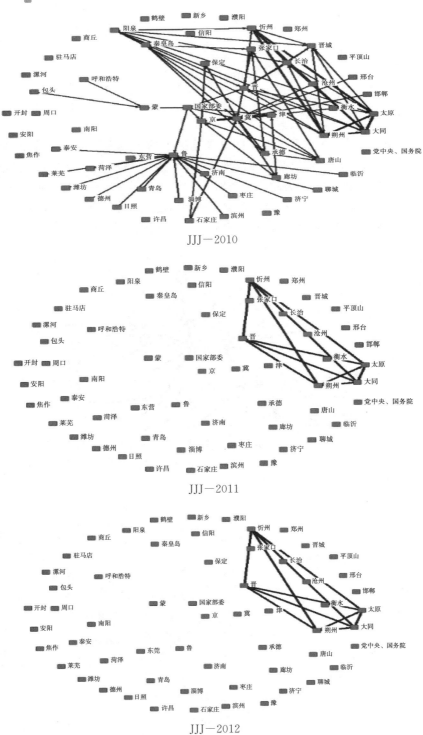

JJJ—2010

JJJ—2011

JJJ—2012

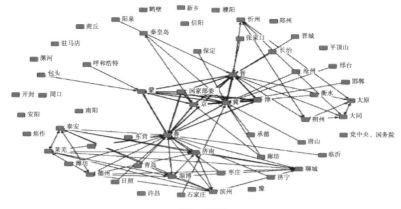

JJJ—2013

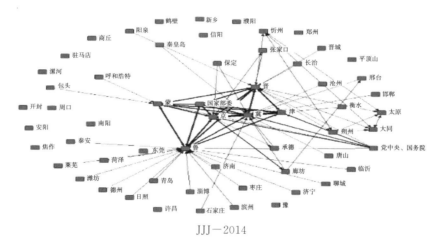

JJJ—2014

JJJ—2015

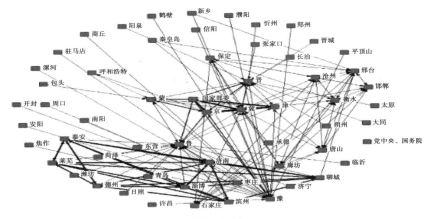

JJJ—2016

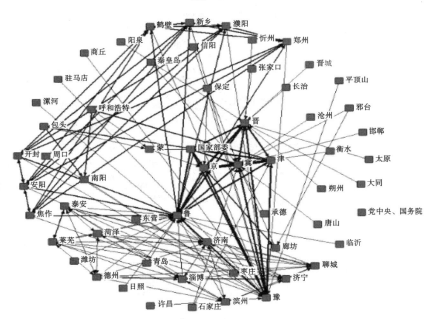

JJJ—2017

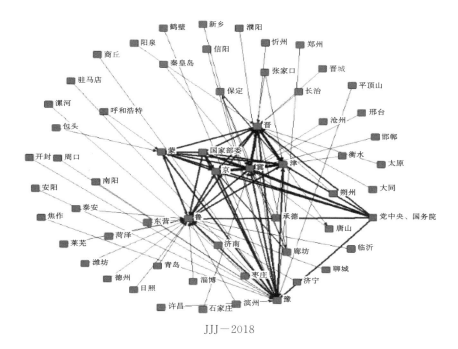

JJJ－2018

图 B1 京津冀地区历年大气府际协作网络图

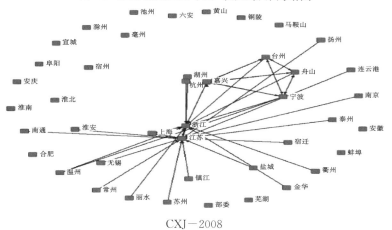

CXJ－2008

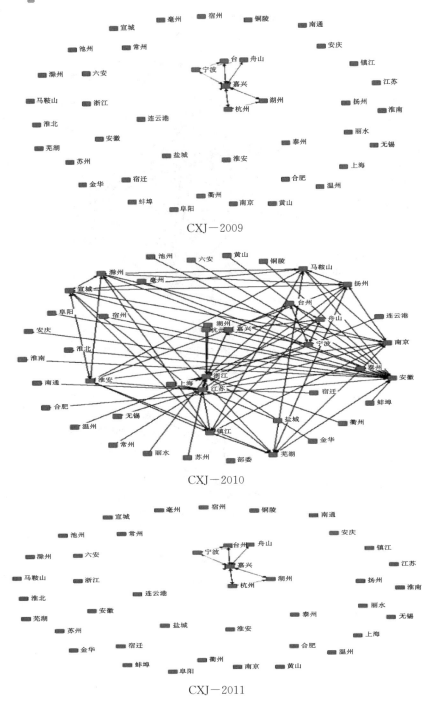

CXJ－2009

CXJ－2010

CXJ－2011

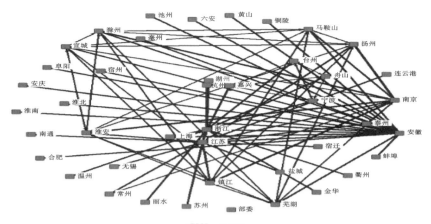

CXJ-2012

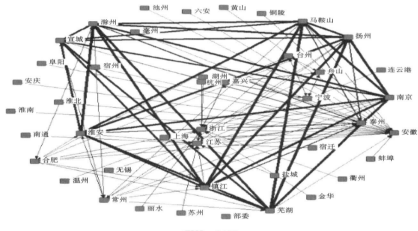

CXJ-2013

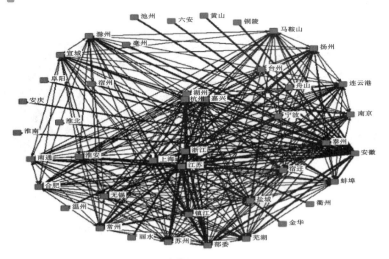

CXJ—2014

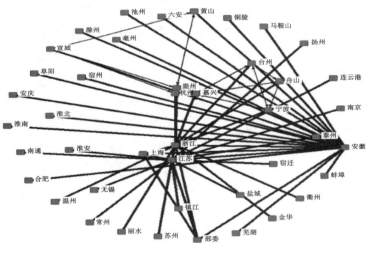

CXJ—2015

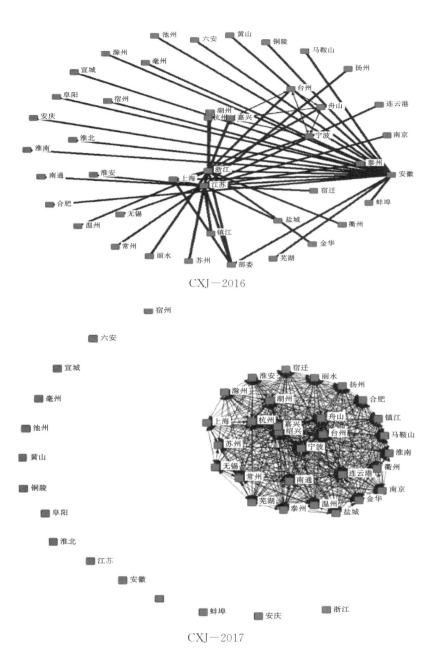

CXJ－2016

CXJ－2017

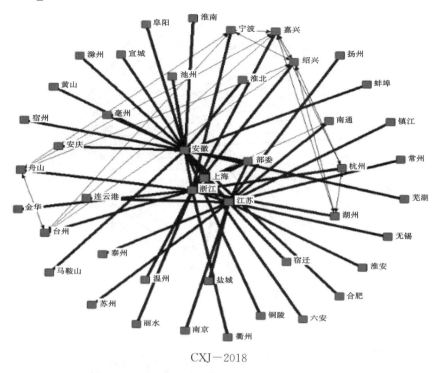

CXJ—2018

图 B2 长三角区域历年大气府际协作网络图

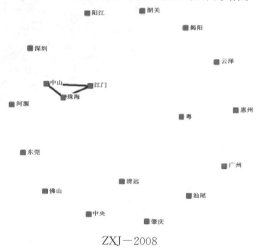

ZXJ—2008

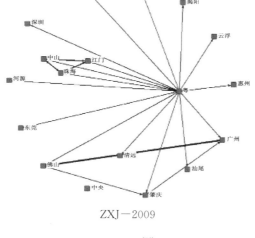

ZXJ－2009

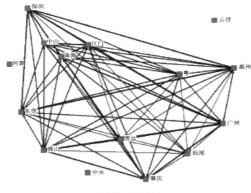

ZXJ－2010

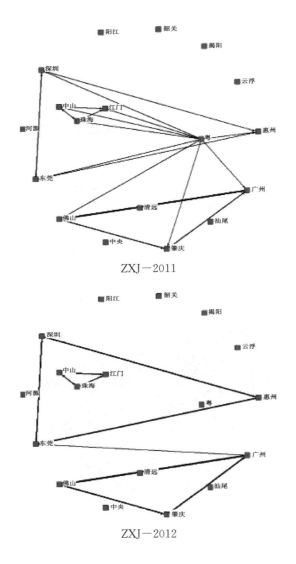

ZXJ－2011

ZXJ－2012

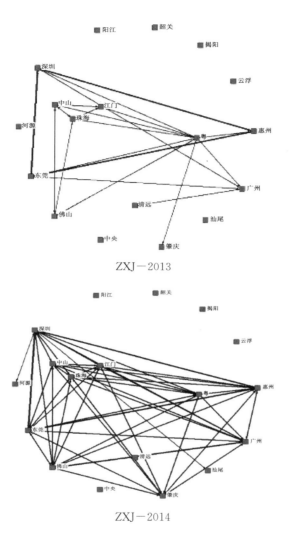

ZXJ－2013

ZXJ－2014

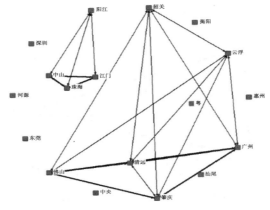

ZXJ－2015

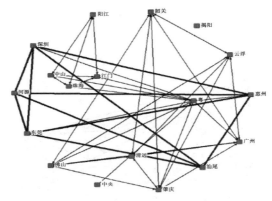

ZXJ－2016

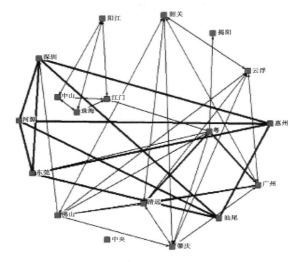

ZXJ－2017

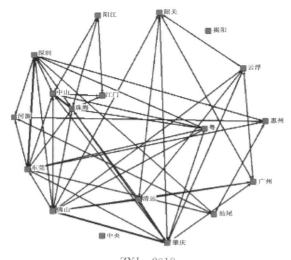

ZXJ—2018

图 B3 珠三角地区历年大气府际协作网络图

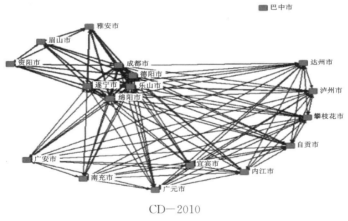

CD—2010

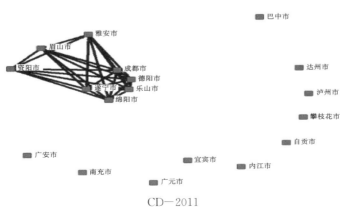

CD—2011

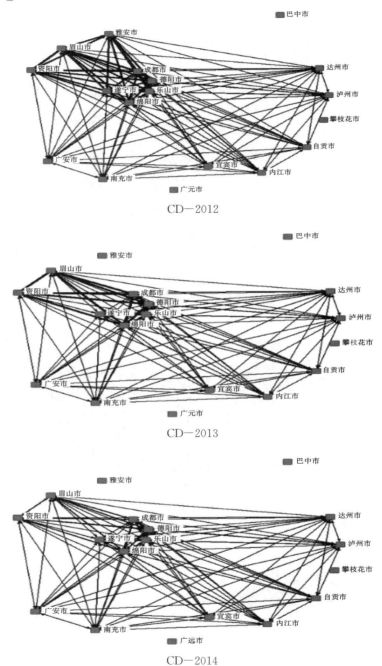

CD—2012

CD—2013

CD—2014

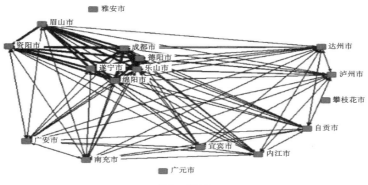

CD-2015

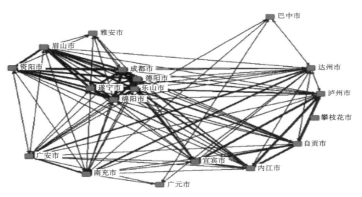

CD-2016

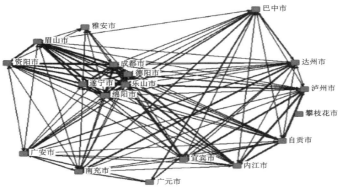

CD-2017

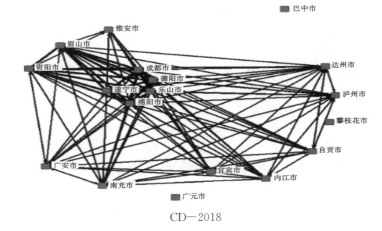

CD—2018

图 B4　成渝城市群历年大气府际协作网络图

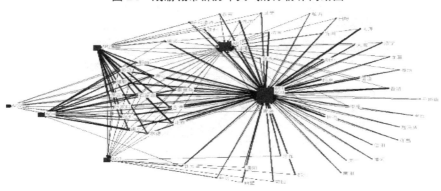

JJJ—Degree

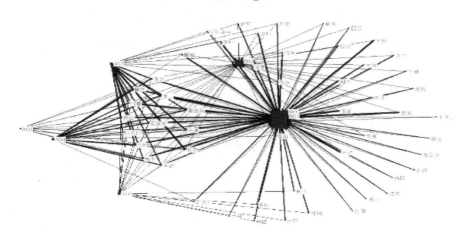

JJJ—Betweenness

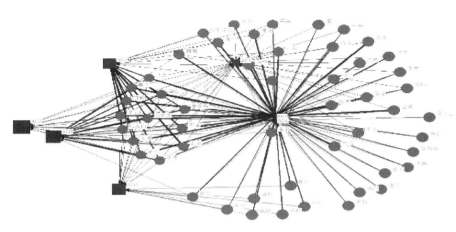

JJJ—Closeness

图 B5 京津冀地区"城市—协作类型"的 2—模网络中心性

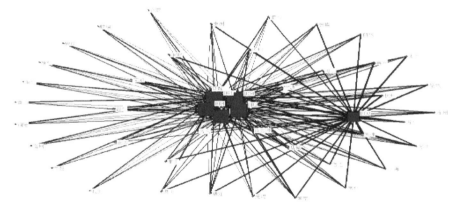

CXJ—Degree

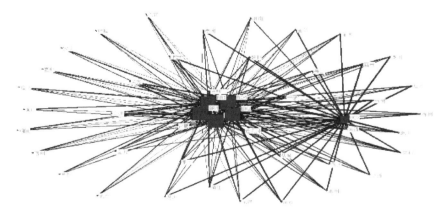

CXJ—Betweenness

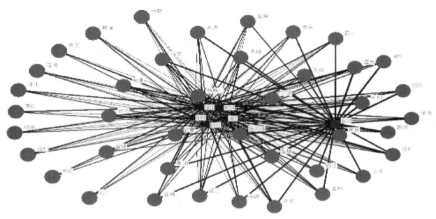

CXJ—Closeness

图 B6　长三角地区"城市—协作类型"的 2—模网络中心性

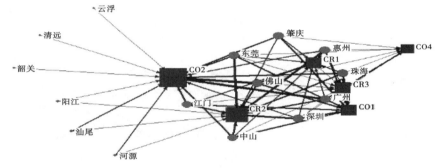

ZXJ—Degree

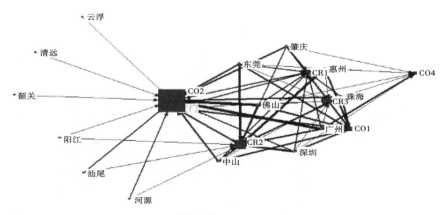

ZXJ—Betweenness

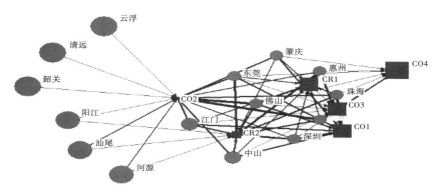

ZXJ—Closeness

图 B7 珠三角地区"城市—协作类型"的 2—模网络中心性

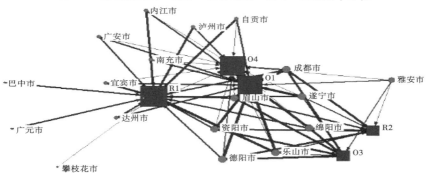

CD—Degree

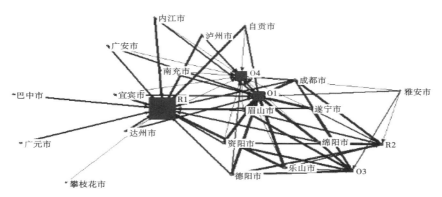

CD—Betweenness

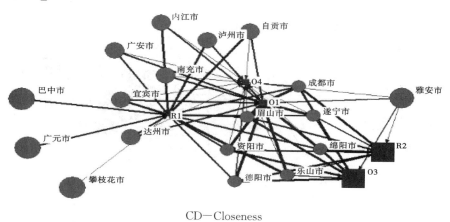

CD—Closeness

图 B8 成渝城市群"城市—协作类型"的 2—模网络中心性

参考文献

一、中文文献

（一）中文著作

[1] 林尚立. 当代中国政治形态研究［M］. 天津：天津人民出版社，2000.

[2] 李国平. 首都圈结构、分工与营建战略［M］. 北京：中国城市出版社，2004.

[3] 刘军. 整体网分析［M］. 上海：格致出版社，2014.

[4] 刘军. 社会网络分析导论［M］. 北京：社会科学文献出版社，2004.

[5] 刘军. 整体网分析讲义：UCINET 软件实用指南［M］. 2 版. 上海：格致出版社，2014.

[6] 姚士谋，陈振光，朱英明，等. 中国城市群［M］. 合肥：中国科学技术大学出版社，2006.

[7] 荣敬本，崔之元. 从压力型体制向民主合作体制的转变：县乡两级政治体制改革［M］. 北京：中央编译出版社，1998.

[8] 罗家德. 社会网分析讲义［M］. 北京：社会科学文献出版社，2009.

[9] 周雪光. 中国国家治理的制度逻辑——一个组织学研究［M］. 北京：生活·读书·新知三联书店，2017.

[10] 张可云. 区域经济政策：理论基础与欧盟国家实践［M］. 北京：中国轻工业出版社，2001.

（二）中文译著

[1] 科尔曼. 社会理论的基础［M］. 邓方，译. 北京：社会科学文献出版社，1992.

[2] 米特尔曼. 全球化综合征［M］. 刘得手，译. 北京：新华出版社，2002.

[3] 霍尔. 组织：结构、过程及结果［M］. 张显发，刘五一，沈勇，译. 上海：上海财经大学出版社，2003.

[4] 菲沃克. 大都市治理：冲突、竞争与合作［M］. 许源源，江胜珍，译. 重庆：重庆大学出版社，2012.

[5] 格兰诺维特. 镶嵌：社会网与经济行动［M］. 罗家德，等译. 北京：社会科学文献出版社，2015.

[6] 格兰诺维特. 社会与经济：信任、权力与制度［M］. 罗家德，等译. 北京：中信出版社，2019.

[8] 巴达赫. 跨部门合作［M］. 周志忍，等译. 北京：北京大学出版社，2011.

[9] 奥斯特罗姆. 公共事物的治理之道：集体行动制度的演进［M］. 余逊达，等译. 上海：上海三联书店，2000.

[10] 伯特. 结构洞：竞争的社会结构 [M]. 任敏，等译. 上海：上海人民出版社，2008.

[11] 奥尔森. 集体行动的逻辑 [M]. 陈郁，等译. 上海：上海人民出版社，2014.

[12] 威廉姆森. 资本主义经济制度 [M]. 段毅才，王伟，译. 北京：商务印书馆，1999.

[13] 斯科特. 制度与组织：思想观念与物质利益 [M]. 姚伟，王黎芳，译. 北京：中国人民大学出版社，2010.

[14] 何俊志，任军峰，朱德米，译. 新制度主义政治学译文精选 [M]. 天津：天津人民出版社，2007.

[15] 简·雅各布斯. 美国大城市的死与生 [M]. 金衡山，译. 南京：译林出版社，2015.

（三）中文期刊

[1] 艾云. 上下级政府间"考核检查"与"应对"过程的组织学分析——以 A 县"计划生育"年终考核为例 [J]. 社会，2011，31（3）：68—87.

[2] 包国宪，郎玫. 治理、政府治理概念的演变与发展 [J]. 兰州大学学报（社会科学版），2009，37（2）：1—7.

[3] 边晓慧，张成福. 府际关系与国家治理：功能、模型与改革思路 [J]. 中国行政管理，2016（5）：14—18.

[4] 边燕杰，张文宏. 经济体制、社会网络与职业流动 [J]. 中国社会科学，2001（2）：77—89.

[5] 蔡昉，都阳. 转型中的中国城市发展——城市级层结构、融资能力与迁移政策 [J]. 经济研究，2003（6）：64—71.

[6] 蔡岚. 缓解地方政府间合作困境的路径研究——以长株潭公交一体化为例 [D]. 广州：中山大学，2011.

[7] 蔡岚. 我国地方政府间合作困境研究述评 [J]. 学术研究，2009（9）：50—56.

[8] 崔晶. 大都市区跨界公共事务运行模式：府际协作与整合 [J]. 改革，2011（7）：82—87.

[9] 陈家海，王晓娟. 泛长三角区域合作中的政府间协调机制研究 [J]. 上海经济研究，2008（11）：59—68.

[10] 陈瑞莲. 论区域公共管理研究的缘起与发展 [J]. 政治学研究，2003（4）：75—84.

[11] 褚添有，马寅辉. 区域政府协调合作机制：一个概念性框架 [J]. 中州学刊，2012（5）：17—20.

[12] 冯仕政. 中国国家运动的形成与变异：基于政体的整体性解释 [J]. 开放时代，2011（1）：73—97.

[13] 巩丽娟. 长三角区域合作中的行政协议演进 [J]. 行政论坛，2016，23（1）：16—21.

[14] 耿云. 新区域主义视角下的京津冀都市圈治理结构研究 [J]. 城市发展研究，2015，22（8）：15—20.

[15] 何俊志. 结构、历史与行为：制度主义的分析范式 [J]. 国外社会科学，2002（5）：25—33.

[16] 胡炜光，杨爱平. 我国不完全府际契约的成因及有效实施路径 [J]. 广东行政学院学报，2012，24（1）：71—75.

[17] 贾春梅，葛扬. 城市行政级别、资源集聚能力与房价水平差异 [J]. 财经问题研究，

2015 (10)：131—137.

[18] 蒋芙蓉，彭培根. 城市群整合视野下的长武经济走廊建设 [J]. 湖南社会科学，2012 (1)：152—155.

[19] 蒋海曦，蒋瑛. 新经济社会学的社会关系网络理论述评 [J]. 河北经贸大学学报，2014 (6)：150—158.

[20] 姜士伟. "协作治理"的三维辨析：名、因、义 [J]. 广东行政学院学报，2013 (6)：11—15.

[21] 江艇，孙鲲鹏，聂辉华. 城市级别、全要素生产率和资源错配 [J]. 管理世界，2018 (3)：38—50.

[22] 康伟，陈茜，陈波. 公共管理研究领域中的社会网络分析 [J]. 公共行政评论，2014 (6)：129—151.

[23] 龙朝双，王小增. 我国地方政府间合作动力机制研究 [J]. 中国行政管理，2007 (6)：65—68.

[24] 刘锋. 新时期区域公共管理创新 [J]. 中国行政管理，2002，13 (5)：16—19.

[25] 李金龙，周宏骞，史文立. 多中心治理视角下的长株潭区域合作治理 [J]. 经济地理，2008，28 (3)：362—366.

[26] 陆铭，冯皓. 集聚与减排：城市规模差距影响工业污染强度的经验研究 [J]. 世界经济，2014 (7)，86—114.

[27] 刘名远，李桢. 中国地方政府区域经济合作行为适应性调整实证研究 [J]. 新疆社会科学（汉文版），2014 (1)：25—30.

[28] 林尚立. 重构府际关系与国家治理 [J]. 探索与争鸣，2011 (1)：34—37.

[29] 李天籽. 激励结构与中国地方政府对内对外行为差异 [J]. 中国行政管理，2012 (8)：113—116.

[30] 刘亚平，刘琳琳. 中国区域政府合作的困境与展望 [J]. 学术研究，2010 (12)：38—45.

[31] 马捷，锁利铭，陈斌. 从合作区到区域合作网络：结构、路径与演进——来自"9+2"合作区 191 项府际协议的网络分析 [J]. 中国软科学，2014 (12)：79—92.

[32] 彭彦强. 论区域地方政府合作中的行政权横向协调 [J]. 政治学研究，2013 (4)：40—49.

[33] 秦长江. 协作性公共管理：国外公共行政理论的新发展 [J]. 上海行政学院学报，2010，11 (1)：103—109.

[34] 渠敬东，周飞舟，应星. 从总体支配到技术治理——基于中国30年改革经验的社会学分析 [J]. 中国社会科学，2009 (6)：104—127.

[35] 全永波. 基于新区域主义视角的区域合作治理探析 [J]. 中国行政管理，2012 (4)：78—81.

[36] 荣敬本. "压力型体制"研究的回顾 [J]. 经济社会体制比较，2013 (6)：1—3.

[37] 荣敬本. 县乡两级的政治体制改革，如何建立民主的合作新体制——新密市县乡两级人民代表大会制度运作机制的调查研究报告 [J]. 经济社会体制比较，1997 (4)：5—52.

[38] 冉冉. "压力型体制"下的政治激励与地方环境治理 [J]. 经济社会体制比较，2013 (3)：111—118.

[39] 饶常林. 府际协同的模式及其选择——基于市场、网络、科层三分法的分析 [J]. 中国行政管理, 2015 (6)：62—67.

[40] 孙柏瑛. 当代发达国家地方治理的兴起 [J]. 中国行政管理, 2003 (4)：47—53.

[41] 宋洁尘, 陈秀山. 区域政府的制度供给与区域经济发展 [J]. 云梦学刊, 2005, 26 (1)：51—54.

[42] 沈坤荣, 金刚, 方娴. 环境规制引起了污染就近转移吗？ [J]. 经济研究, 2017 (5)：44—59.

[43] 锁利铭, 马捷. "公众参与"与我国区域水资源网络治理创新 [J]. 西南民族大学学报（人文社科版）, 2014 (6)：145—149.

[44] 锁利铭, 张朱峰. 科技创新、府际协议与合作区地方政府间合作——基于成都平原经济区的案例研究 [J]. 上海交通大学学报（哲学社会科学版）, 2016, 24 (4)：61—71.

[45] 锁利铭, 阚艳秋, 涂易梅. 从"府际合作"走向"制度性集体行动"：协作性区域治理的研究述评 [J]. 公共管理与政策评论, 2018 (3)：83—96.

[46] 锁利铭. 关联区域大气污染治理的协作困境、共治体系与数据驱动 [J]. 地方治理研究, 2019 (1)：57—69.

[47] 锁利铭. 跨省域城市群环境协作治理的行为与结构——基于"京津冀"与"长三角"的比较研究 [J]. 学海, 2017 (4)：60—67.

[48] 锁利铭. 地方政府区域合作治理转型：困境与路径 [J]. 晋阳学刊, 2014 (5)：115—126.

[49] 沈立人, 戴园晨. 我国"诸侯经济"的形成及其弊端和根源 [J]. 经济研究, 1990 (3)：12—19.

[50] 孙涛, 温雪梅. 动态演化视角下区域环境治理的府际合作网络研究——以京津冀为例 [J]. 中国行政管理, 2018 (5)：83—89.

[51] 陶希东. 跨界治理：中国社会公共治理的战略选择 [J]. 学术月刊, 2011 (8)：22—29.

[52] 王川兰. 多元复合体制：区域行政实现的构想 [J]. 社会科学, 2006 (4)：112—119.

[53] 王佃利, 史越. 跨域治理理论在中国区域管理中的应用——以山东半岛城市群发展为例 [J]. 东岳论丛, 2013, 34 (10).

[54] 吴光芸, 李培. 论区域合作中的政策冲突及其协调 [J]. 贵州社会科学, 2015 (2)：127—132.

[55] 魏后凯. 中国城市行政等级与规模增长 [J]. 城市与环境研究, 2014 (1)：4—17.

[56] 王惠娜. 区域合作困境及其缓解途径——以深莞惠界河治理为例 [J]. 中国行政管理, 2014 (1).

[57] 汪建昌. 区域行政协议：概念、类型及其性质定位 [J]. 华东经济管理, 2012, 26 (6)：127—130.

[58] 汪建昌. 区域行政协议：理性选择、存在问题及其完善 [J]. 经济体制改革, 2012 (1)：37—41.

[59] 王明田. 城市行政等级序列与城乡规划体系 [C] // 2013 中国城市规划年会. 2013.

[60] 汪伟全. 区域合作中地方利益冲突的治理模式：比较与启示 [J]. 政治学研究, 2012 (2)：98—107.

[61] 王麒麟. 城市行政级别与城市群经济发展——来自 285 个地市级城市的面板数据 [J]. 上海经济研究, 2014 (5): 75—82.

[62] 王颖, 杨利花. 跨界治理与雾霾治理转型研究——以京津冀区域为例 [J]. 东北大学学报 (社会科学版), 2016, 18 (4): 388—393.

[63] 王友云, 赵圣文. 区域合作背景下政府间协议的一个分析框架: 集体行动中的博弈 [J]. 北京理工大学学报 (社会科学版), 2016, 18 (3): 68—74.

[64] 邢华. 我国区域合作治理困境与纵向嵌入式治理机制选择 [J]. 政治学研究, 2014 (5): 37—50.

[65] 徐维祥, 舒季君, 唐根年. 中国工业化、信息化、城镇化和农业现代化协调发展的时空格局与动态演进 [J]. 经济学动态, 2015 (1): 76—85.

[66] 徐勇. 用中国事实定义中国政治——基于 "横向竞争与纵向整合" 的分析框架 [J]. 河南社会科学, 2018 (3): 21—27.

[67] 谢宝剑, 陈瑞莲. 国家治理视野下的大气污染区域联动防治体系研究——以京津冀为例 [J]. 中国行政管理, 2014 (9): 6—10.

[68] 杨爱平. 从政治动员到制度建设: 珠三角一体化中的政府创新 [J]. 华南师范大学学报 (社会科学版), 2011 (3): 114—120.

[69] 杨爱平. 从垂直激励到平行激励: 地方政府合作的利益激励机制创新 [J]. 学术研究, 2011 (5): 47—53.

[70] 杨爱平. 区域合作中的府际契约: 概念与分类 [J]. 中国行政管理, 2011 (6): 100—104.

[71] 杨龙, 彭彦强. 理解中国地方政府合作——行政管辖权让渡的视角 [J]. 政治学研究, 2009 (4): 61—66.

[72] 杨龙, 胡世文. 大都市区治理背景下的京津冀协同发展 [J]. 中国行政管理, 2015 (9): 13—20.

[73] 杨雪冬. 压力型体制: 一个概念的简明史 [J]. 社会科学, 2012 (11): 4—12.

[74] 杨志云, 毛寿龙. 制度环境、激励约束与区域政府间合作——京津冀协同发展的个案追踪 [J]. 国家行政学院学报, 2017 (2): 97—102.

[75] 张成福, 李昊城, 边晓慧. 跨域治理: 模式、机制与困境 [J]. 中国行政管理, 2012 (3): 102—109.

[76] 赵静, 陈玲, 薛澜. 地方政府的角色原型、利益选择和行为差异——一项基于政策过程研究的地方政府理论 [J]. 管理世界, 2013 (2): 90—106.

[77] 张紧跟. 当代中国地方政府间关系: 研究与反思 [J]. 武汉大学学报: 哲学社会科学版, 2009 (4): 508—514.

[78] 张紧跟. 区域公共管理制度创新分析: 以珠江三角洲为例 [J]. 政治学研究, 2010 (3): 63—75.

[79] 曾婧婧. 泛珠三角区域合作政策文本量化分析: 2004—2014 [J]. 中国行政管理, 2015 (7).

[80] 臧乃康. 多中心理论与长三角区域公共治理合作机制 [J]. 中国行政管理, 2006 (5): 83—87.

［81］庄士成. 长三角区域合作中的利益格局失衡与利益平衡机制研究［J］. 当代财经，2010（9）：65—69.

［82］郑文强，刘滢. 政府间合作研究的评述［J］. 公共行政评论，2014（6）：107—128.

［83］周黎安. 晋升博弈中政府官员的激励与合作——兼论我国地方保护主义和重复建设问题长期存在的原因［J］. 经济研究，2004（6）：33—40.

［84］周黎安. 行政发包制：一种混合治理形态［J］. 文化纵横，2015（1）：15—15.

［85］周雪光. 基层政府间的"共谋现象"——一个政府行为的制度逻辑［J］. 社会学研究，2008（6）：1—21.

［86］周雪光，练宏. 中国政府的治理模式：一个"控制权"理论［J］. 社会学研究，2012（5）：69—93.

［87］张少军，刘志彪. 我国分权治理下产业升级与区域协调发展研究——地方政府的激励不相容与选择偏好的模型分析［J］. 财经研究，2010，36（12）：83—93.

［88］赵新峰，袁宗威，马金易. 京津冀大气污染治理政策协调模式绩效评析及未来图式探究［J］. 中国行政管理，2019（3）：80—87.

［89］曾维和，咸鸣霞. 圈层分割、垂直整合与城市大气污染互动治理机制［J］. 甘肃行政学院学报，2018（04）：67—75+127.

［90］朱成燕. 内源式政府间合作机制的构建与区域治理［J］. 学习与实践，2016（08）：55—62.

［91］世界银行. 东亚变化中的都市景观［R］. 2015.

二、英文文献

（一）英文著作

［1］AGRANOFF R and MCGUIRE M. Collaborative public management：new strategies for local governments［M］. Washington，DC：Georgetown University Press，2003.

［2］BARLOW I M. Metropolitan Government［M］. New York：Routledge，1991.

［3］BORGATTIS P，EVERETT M G. and Freeman，L C.. Ucinet for Windows：Software for Social Network Analysis［M］. Harvard，MA：Analytic Technologies，2002.

［4］EMERSON K，NABATCHI T. Collaborative governance regimes：stepping in the context for collaborative governance［M］. Washington，DC：Georgetown University Press，2015：18.

［5］GRANOVETTER M S. A Theoretical agenda for economic sociology［M］. Economic Sociology at the Millenium，Mauro F. Guillen，Randall Collins，Paula England，and Marshall Meyer（ed）. New York：Russell Sage Foundation，2001.

［6］Granovetter M S. Getting a job：a study in contacts and careers［M］. Chicago：University of Chicago Press，2018.

［7］GOSSAS M. Kommunal samverkan och statlig nätverksstyrning［D］. Örebro Studies in Political Science，Univ. of Orebro，2006.

［8］JEPPERSON R L. Unpacking institutional arguments：in the new institutionalism in organizational analysis [M] //Powell W W, DiMaggio P J. Chicago: Univ. of Chicago Press, 1991: 164—82.

[9] KETTLED F. Governing at the millennium [M] //Perry J L. (eds) Handbook of public administration (2nd ed.). San Francisco: Jossey-Bass, 1996.

[10] LYNN L E, HEINRICH C J, HILL C J. Improving governance: A new logic for empirical research [M]. Washington, DC: Georgetown Univ. Press, 2001: 7.

[11] LENNART LJ. Local-to-local partnerships among Swedish municipalities: why and how neighbours join to alleviate resource constraints [M] //PIERRE J. Partnerships in urban governance: European and American experiences. Basingstoke, UK: Palgrave, 1998: 93—111.

[12] LUNDQVIST L J. Local-to-local partnerships among Swedish municipalities: why and how neighbours join to alleviate resource constraints [M] //PIERRE J. (eds) Partnerships in urban governance: European and American experiences. London: Palgrave, 1998: 93—111.

[13] MEEK J W, SCHILDT K, WITT M. Local government administration in a metropolitan context [C] //FREDERICKSON H G, NALBABDIAN J. (eds) The future of local government administration: the hansell symposium. Washington, DC: International City and County Management Association, 2002: 145—153.

[14] MILLER D. The regional governing of metropolitan America [M]. Boulder: Westview Press, 2002.

[15] OAKERSON R J. The study of metropolitan governance [M] //FEIOCK R. (eds) Metropolitan governance: conflict, competition, and cooperation. Washington, DC: Georgetown Univ. Press, 2004: 17—45.

[16] OSTROM E. Governing the commons: the evolution of institutions for collective action [M]. Cambridge: Cambridge Univ. Press, 1990.

[17] OSTROM E. Understanding institutional diversity. Princeton [M]. NJ: Princeton Univ. Press, 2005.

[18] OECD. Local partnerships for better governance [M]. Paris: OECD, 2001.

[19] POST S. Local government cooperation: the relationship between metropolitan area government geography and service provision [C] //Annual Meetings of the American Political Science Association. Boston: 29Aug-1Sep, 2002.

[20] RHODES R. Governance and public administration [M]. Pierre J. (eds) Debating governance: authority, steering and democracy. New York: Oxford University Press, 2000: 54—90.

[21] SHEN RUOWEN, FEIOCK R C, YI HONGTAO. China's local government innovations in inter-local collaboration [M] //JING, Y, OSBORNE S. (ed) Public Service Innovations in China. Singapore: Palgrave, 2017: 25—41.

[22] SONENBLUM S, KIRLIN J J, RIES J C. How cities provide services [M]. Cambridge, MA: Ballinger, 1997.

[23] STEINACKER A. Game theoretic models of metropolitan cooperation [M] //FEIOCK R C. Metropolitan governance：conflict，competition and cooperation. Washington DC：Georgetown University Press，2004.

[24] STEPHEN G R，WIKSTROM N. Metropolitan government and governance：Theoretical perspectives，empirical analysis，and the future [M]. New York：Oxford Univ. Press，2000.

[25] WOLF K D. Contextualizing normative standards for legitimate governance beyond the state [M] //GBIKPI B. （eds）Participatory governance：political and societal implications. Wiesbaden：VS Verlag für Sozialwissenschaften，2002：35—50.

[26] WRIGHT D S，STENBERG C W. Federalism，intergovernmental relations，and intergovernmental management：the origins，emergence，and maturity of three concepts across two centuries of organizing power by area and by function [M] //Handbook of public administration. Routledge，2018：407—479.

（二）英文期刊

[27] AMIN A，THRIFT N. Globalisation，institutional thickness and the local economy [J]. ManagingCities：The New Urban Context，1995，12：91—108.

[28] AGHION P，TIROLE J. Formal and real authority in organizations [J]. Political Economy，1997，105 (1)：1—29.

[29] AGRANOFF R，MCGUIRE M. Expanding intergovernmental management's hidden dimensions [J]. American Review of Public Administration，1999，29 (4)：352—369.

[30] ANSELL C，GASH A. Collaborative governance in theory and practice [J]. Public Administration Research and Theory，2008，18：543—571.

[31] ANDERSEN O J，PIERRE J. Exploring the strategic region：rationality，context，and institutional collective action [J]. Urban Affairs Review，2010，46 (2)：218—240.

[32] ANDERSON R T. Government responsibility for waste management in urban regions [J]. Natural Resources，1970，10 (4)：668—686.

[33] ANDREW S A，SHORT J E，JUNG K，et al. Intergovernmental cooperation in the provision of public safety：monitoring mechanisms embedded in interlocal agreements [J]. Public Administration Review，2015，75 (3)：401—410.

[34] ACKROYD S，ALEXANDER E R. How organizations act together：interorganizational coordination in theory and practice [J]. Administrative Science Quarterly，1998，43 (1)：217.

[35] AGRANOFF R. Inside collaborative networks：ten lessons for public managers [J]. Public Administration Review，2006，66 (1)：56—65.

[36] BARTLE J R，SWAYZE R. Interlocal cooperation in Nebraska [R]. Prepared for the Nebraska Mandates Management Initiative. 1997.

[37] BAUMANN J P，GULATI R，ALTER C，et al. Organizations working together [J]. Administrative Science Quarterly，1994，39 (2)：355.

［38］ BEL G，FAGEDA X. Reforming the local public sector：economics and politics in privatization of water and solid waste ［J］. Economic Policy Reform，2008，11（1）：45—65.

［39］ BODIN Ö. Collaborative environmental governance：achieving collective action in social-ecological systems ［J］. Science，2017，357（6352）：eaan1114.

［40］ BRYSON J M，CROSBY B C，STONE M M. The design and implementation of cross-sector collaborations：propositions form the literature ［J］. Public Administration Review，2006，66：44—55.

［41］ BRADLEY C K. Post-sovereign environmental governance ［J］. Global Environmental Politics，2004，4（1）：72—96.

［42］ BROWN T L，POTOSKI M. Transaction costs and institutional explanations for government service production decisions ［J］. Public Administration Research and Theory. 2003，13（4）：441—468.

［43］ BROWN T L，POTOSKI M，SLYKE D M V. Managing public service contracts：aligning values，institutions，and markets ［J］. Public Administration Review，2006，66（3）：323—331.

［44］ BRUECKNER J K，SAAVEDRA L A. Do local governments engage in strategic property—tax competition? ［J］. National Tax，2001，54（2）：203—229.

［45］ BICKERS K N，STEIN R M. Interlocal cooperation and the distribution of federal grant awards ［J］. Politics，2004，66（3）：800—822.

［46］ BLAIR R，JANOUSEK C L. Collaborative mechanisms in interlocal cooperation：a longitudinal examination ［J］. State and Local Government Review，2013，45（4）：268—282.

［47］ CAI HONGBING，CHEN YUYU，GONG QING. Polluting thy neighbor：unintended consequences of China ?? s pollution reduction mandates ［J］. Environmental Economics and Management，2016，76：86—104.

［48］ CARR J B，HAWKINS C V. The costs of cooperation：what research tells us about managing the risks of service collaborations in the U. S ［J］. State and Local Government Review，2013，45（4）：2013.

［49］ CARR J B，Kelly LEROUX K，SHRESTHA M. Institutional ties，transaction costs，and external service production ［J］. Urban Affairs Review，2009，44（3）：403—427.

［50］ CHEN YUCHE，THURMAIER K. Interlocal agreements as collaborations：an empirical investigation of impetuses，norms，and success ［J］. American Review of Public Administration，2009，39（5）：536—552.

［51］ COASE R. The problem of social cost ［J］. Law and Economics，1960，3（1）：1—44.

［52］ COOK J J. Who's pulling the fracking strings? power，collaboration and colorado fracking policy ［J］. Environmental Policy and Governance，2015，25（6）：373—385.

［53］ EMERSON K，NABATCHI T，BALOGH S. An integrative framework for collaborative

governance [J]. Public Administration Research and Theory, 2011, 22 (1): 1.

[54] FEIOCK R C. The institutional collective action framework [J]. Policy Studies, 2013, 41 (3): 397—425.

[55] FEIOCK R C. Institutional collective action and local goverance. Working Group on Interlocal Services Cooperation, 2005: 1—31.

[56] FEIOCK R C. Metropolitan governance and institutional collective action [J]. Urban Affairs Review, 2009, 44 (3): 356—377.

[57] FEIOCK R C. Rational choice and regional governance [J]. Urban Affairs, 2007, 29 (1): 47—63.

[58] FEIOCK R C, Lee I W, Park H J, et al. Collaboration networks among local elected officials: information, commitment, and risk aversion [J]. Urban Affairs Review, 2010, 46 (2): 241—262.

[59] FRANT H. High-powered and low-powered incentives in the public sector [J]. Public Administration Research and Theory, 1996, 6 (3): 365—381.

[60] FREDERICKSON H G. The repositioning of American public administration [J]. Journal of China National School of Administration, 1999, 32 (4): 701—711.

[61] FREEMAN L C. Centrality in social networks: conceptual clarification [J]. Social Network, 1979, 1 (3): 215—239.

[62] FRIEDEN J A. International Investment and Colonial Control: A New Interpretation [J]. International Organization, 1994, 48 (4): 559—593.

[63] FRIEDKIN, N. E. Structural cohesion and equivalence explanations of social homogeneity [J]. Sociological methods and research, 1984 (12): 25—261.

[64] GERBER E R, GIBSON C C. Balancing regionalism and localism: how institutions and incentives shape American transportation policy [J]. American Journal of Political Science, 2010, 53 (3): 633—648.

[65] GROSSMAN G M, KRUEGER A B. Economic growth and the environment [J]. Quarterly Journal of Economics, 1995, 110 (2): 353—377.

[66] HEFETZ A, WARNER M E. Contracting or public delivery? The importance of service, market, and management characteristics [J]. Public Administration Research and Theory, 2012, 22 (2): 289—317.

[67] HAWKINS C V. Prospects for and barriers to local government joint ventures [J]. State and Local Government Review, 2009, 41 (2): 108—119.

[68] HAMILTON D K, MILLER D Y, PAYTAS J. Exploring the horizontal and vertical dimensions of the governing of metropolitan regions [J]. Urban Affairs Review, 2004, 40 (2): 147—82.

[69] IMPERIAL M T. Using Collaboration as a governance strategy [J]. Administration and Society, 2005, 37: 281—320.

[70] KWON S W, FEIOCK R C. Overcoming the barriers to cooperation: intergovernmental service agreements [J]. Public Administration Review, 2010, 70 (6): 876—884.

［71］ KELLT D F. Governing at the millennium ［J］. Handbook of Public Administration, 1996, 2: 5—19.

［72］ KIM S. The workings of collaborative governance: evaluating collaborative community-building initiatives in Korea. Urban Studies, 2016, 53 (16): 3547—3565.

［73］ LEROUX K, BRANDENBURGER P W, Pandey S K. Interlocal service cooperation in U. S. cities: a social network explanation ［J］. Public Administration Review, 2010, 70 (2): 268—278.

［74］ LEACH W D, SABATIER P A. To trust an adversary: integrating rational and psychological models of collaborative policymaking ［J］. American Political Science Review, 2005, 99 (4): 491—503.

［75］ LOWERY D, LYONS W E, DEHOOG R H, et al. The empirical evidence for citizen information and a local market for public goods ［J］. American Political Science Review, 1995, 89 (3): 705—709.

［76］ LINCOLN J R. Intra- (and inter-) organizational networks ［J］. Research in the Sociology of Organizations, 1982, 1: 1—38.

［77］ LUBELL M, SCHNEIDER M, SCHOLZ J T, et al. Watershed partnerships and the emergence of collective action institutions ［J］. American Journal of Political Science, 2002, 46 (1): 148—163.

［78］ MADDISION D. Modelling sulphur emissions in Europe: A spatial econometric approach ［J］. Oxford Economic Papers, 2007 (4), 726—743.

［79］ Maxey C C. The Ppolitical integration of metropolitan communities ［J］. National Municipal Review, 1922, 11 (8): 229—254.

［80］ Mullin M, DALEY D M. Working with the state: exploring interagency collaboration within a federalist system ［J］. Public Administration Research and Theory, 2009, 20: 757—778.

［81］ MCGUIRE M. Inside the matrix: integrating the paradigms of intergovernmental and network management ［J］. International Journal of Public Administration, 2003, 26 (12): 1401—1422.

［82］ MCCABE B C, FEIOCK R C, CLINGERMAYER J C, et al. Turnover among city managers: the role of political and economic change ［J］. Public Administration Review, 2010, 68 (2): 380—386.

［83］ MORGAN D R, HIRLINGER M W. Intergovernmental service agreement: a multivariate explanation ［J］. Urban Affairs Quarterly, 1991, 27: 128—144.

［84］ NEWIG J, ADZERSEN A, CHALLIES E, et al. Comparative analysis of public environmental decision making processes: a variable based analytical scheme ［J］. Ssrn Electronic Journal, 2013.

［85］ NORRIS D F. Prospects for regionalgovernance under the new regionalism: economic imperatives versus political impediments ［J］. Urban Affairs, 2001, 23 (5): 557—571.

［86］ NEWMAN P. Changing patterns of regional governance in the EU ［J］. Urban

Studies，2000，37（5—6）：895—908.

[87] NORRIS, D F. Whither metropolitan governance? [J]. Urban Affairs Review，2001，36（4）：532—550.

[88] O'LEARY, R. Special Issue on Collaborative Public Management [J]. Public Administration Review，2006，66：1—170.

[89] OSTROM E. A behavioral approach to the rational choice theory of collective action [J]. American Political Science Review，1998，92：1—22.

[90] OSTROM V，TIEBOUT C M，WARREN R. The organization of government in metropolitan areas：a theoretical inquiry [J]. American Political Science Review，1961，55（4）：831—842.

[91] O'LEARY R.，VIJ N. Collaborative public management：where have we been and where are we going? [J]. The American Review of Public Administration，2012，42（5）：507—522.

[92] OPPER S, NEE V, BREHM S. Homophily in the career mobility of China's political elite [J]. Social Science Research，2015，54：332—352.

[93] PROVAN K G, KENIS P. Modes of network governance：structure, management, and effectiveness [J]. Public Administration Research and Theory，2008，18（2）：229—252.

[94] PARKS R B, OAKERSON R J. Comparative metropolitan organization：service production and governance structures in St. Louis and Allegheny County [J]. The Journal of Federalism，1993，23（1）：19—39.

[95] PARKS R B, OAKERSON R J. Metropolitan organization and governance：a local public economy approach [J]. Urban Affairs Review，1989，25（1）：18—29.

[96] PROVAN K G, MILWARD H B. Do networks really work? a framework for evaluating public sector organizational networks [J]. Public Administration Review，2001，61（4）：414—423.

[97] RETHEMEYER R K, HATMAKER D M. Network management reconsidered：an inquiry into management of network structures in public sector service provision [J]. Social Science Electronic Publishing，2008，18（4）：617—646.

[98] ROSENTRAUB M S. City-county consolidation and the rebuilding of image：the fiscal lessons from Indianapolis's uniGov program [J]. State and Local Government Review，2000，32（3）：180—191.

[99] SAVITCH H V, ADHIKARI S. Fragmented regionalism：why metropolitan America continues to splinter [J]. Urban Affairs Review，2016，53（2）.

[100] SCHARPF F W. Games real actors play：actor-centered institutionalism in policy research [J]. Boulder, CO：Westview. 1997.

[101] Stone M M. Planning as Strategy in Nonprofit Organizations：An Exploratory Study [J]. Nonprofit and Voluntary Sector Quarterly，1989，18（4）：297—315.

[102] SCOTT T A, THOMAS C W. Unpacking the collaborative toolbox：why and when do public managers choose collaborative governance strategies? [J]. Policy Studies，

2016，45（1）：191—214.

[103] STOKER G. Governance as theory：five propositions ［J］. International Social Science，1998，50（155）：17—28.

[104] SCHNEIDER M，SCHOLZ J，LUBELL M，et al. Building consensual institutions：networks and the national estuary program ［J］. American Journal of Political Science，2003，47（1）：143—158.

[105] STEINACKER A. The use of bargaining games in local development policy ［J］. Review of Policy Research，2002，19（4）：120—153.

[106] TANG SHUIYAN，MAZMANIAN D A. Understanding collaborative governance from the structural choice-politics，IAD，and transaction cost perspectives ［J］. Ssrn Electronic Journal，2010，3.

[107] THURMAIER K，Wood C. Interlocal agreements as overlapping social networks：picket-fence regionalism in metropolitan Kansas city ［J］. Public Administration Review，2002，62（5）：585—598.

[108] TICHY N M，TUSHMAN M L，FOMBRUN C. Social network analysis for organizations ［J］. Academy of Management Review，1979，4（4）：507—519.

[109] TIEBOURC M. A pure theory of local expenditures ［J］. Political Economy，1956，64（5）：416—424.

[110] WU HAOYI，GUO HUANXIU，ZHANG BING，et al. Westward movement of new polluting firms in China：pollution reduction mandates and location choice ［J］. Comparative Economics，2017，45（1）：119—138.

[111] WALKER D B Snow white and the 17 dwarfs：from metro cooperation to goveranance ［J］. National Civic Review，1987，76（1）：14—28.

[112] WOLMAN H. Looking at regional governance institutions in other countries as a possible model for U. S. metropolitan areas：an examination of multipurpose regional service delivery districts in British Columbia ［J］. Urban Affairs Review，2019，55（1）：321—354.

[113] WOOD C. Scope and patterns of metropolitan governance in urban America ［J］. American Review of Public Administration，2006，36（3）：337—353.

[114] WEBERE，KHADEMIAN A M. Managing collaborative processes：common practices，uncommon circumstances ［J］. Administration & Society，2008，40（5）：431—464.

[115] WARM D. Local government collaboration for a new decade：risk，trust，and effectiveness ［J］. State and Local Government Review，2011，43（1）：60—65.

[116] YI HONGTAO，et al. Regional governance and institutional collective action for environmental sustainability ［J］. Public Administration Review，2018，78（4）：556—566.

[117] YE LIN. Regional government and governance in China and the United States ［J］. Public Administration Review，2009，69（s1）：S116—S121.

［118］ ZEEMERIN E S. Negotiation and noncooperation：debating Michigan's conditional land transfer agreement ［J］. State and Local Government Review，2008，40（1）：1—11.

［119］ Zhang YAHONG，Feiock R C. City managers' policy leadership in council-manager cities ［J］. Public Administration Research and Theory，2010，20（2）：461—476.

后 记

进入到地方政府理论与区域协作治理研究领域更多的是兴趣使然。我于2016年进入南开大学周恩来政府管理学院攻读博士研究生，恩师孙涛教授研究领域主要集中在城市基层治理领域，但始终保持开放的学术姿态，鼓励学生做自己感兴趣的研究方向。已有不少研究集中在讨论地方政府的经济发展冲动的行为分析或央地关系等的制度分析，对于地方政府间协作本身的关注不多。继续探寻，发现社会关系网络理论可以作为一个新颖的解剖政府间协作关系的有效分析范式。因此，便形成了本书研究的主要议题。

在此还要特别感谢南开大学锁利铭教授、李瑛教授对于拙文在开阔思路、材料收集等方面的莫大帮助。同时，感谢西南交通大学公共管理学院的鼎力支持。恩长笔短，述之则挂一漏万，惟常怀感念之心。

从事该领域研究7年有余，但仍觉自己像初生牛犊。此书是在原博士论文基础上进一步修改而成，还有诸多欠妥之处请读者不吝指正。

温雪梅

2023 年 5 月